寵物星球頻道目錄寵物名人誌創刊號

寵物星球頻道
創辦人 王鼎琪
全腦高效能訓練師&企業策略戰略顧問

寵物星球頻道歡迎民眾投稿分享自己與寵兒俱啟發性的故事，歡迎各方面資源的分享，歡迎藝人、企業朋友、各領域專家：獸醫師、營養師、繁殖專家、進出口動物運輸專家、生後事規劃專家、美容師、療癒師、溝通師、飼料商……等一起來共襄盛舉。

走遍世界45個國家，在世界各地演講授課，教導企業家全腦高效率學習與商戰布局的王鼎琪老師，著作多達14本暢銷書，並在2019年於矽谷榮獲美中傑出女企業家獎、於中國西安領取中國百大講師及一帶一路貢獻獎。

從2020開始，全球因著新冠肺炎疫情的爆發，引發宅經濟的崛起，在各種社會問題以及生活壓力的低氣壓中，她預見的是社會對於「療癒」與「心靈」的需求將會只增不減；不僅身心靈療癒產業有蓬勃發展之勢，許多人更在寵物所帶來的陪伴與療癒中找回失去已久的歡顏。專家已預言，在未來寵物的數量是我們人口數量的3.25倍；因此以寵物作為核心，王鼎琪創辦寵物星球頻道(Pet Planet Network People)，發起人寵共生、共學、共修的意識，讓這類的知識與資源能夠得到東西方文化最好的整合，在寵物星球頻道的雜誌、節目與每月舉辦的寵物俱樂部(Well Being Super Power Club)聚會裡，讓更多人得到獸醫的專業營養概念、行為的訓練、心靈的溝通以及相關生活中寵物會面臨的長照、保險、美容與食衣住行育樂的訊息，從出生到毛孩的未來式提前做準備，帶給飼主多元性與整合性的通盤知識與資源，為毛孩在這人寵共生的時代得到更適切的教養與人寵彼此相識中任務的圓滿。

王鼎琪網羅寵物界各領域的專家與熱愛者，為飼主舉辦一系列寵物與寵人的身心靈健康相關線上線下活動，期望透過系統化的教學、培訓與交流會，大家資源共享；也讓想投入此寵物相關身心靈產業的人都能互相幫忙、培養一技之長，增加自己的競爭力。

透過寵物星球頻道的平台助人與分享的過程，匯集台灣精華資源與優秀人才進軍世界，讓台灣品牌有機會走向全球發光發亮!

代表著作物

- 商戰大腦格命
  （大腦策略2019 金石堂排行冠軍書）
- 要你好記特效術
  （高效能學習2016 排行冠軍書）
- How to 找到好伴侶
  （心理類2022 金石堂排行亞軍）
- 給我記住—教您如何瞬間激發學習力
  （快速記憶2006 排行冠軍）
- 天啊！單字可以這麼好背
  （博客來評選2010年語言之冠）
- 拜託！英文單字根本不用背
  （語言學習）
- 如何靠10元三明治戰勝麥當勞？
  （商用勵志）
- 堅持與無懼
  （成功勵志）
- 3倍速拆字記憶法
  （語言學習）

代表音樂作品

- 《相信自己》《勇往直前》《獨特的你》《寸草春暉》《Can you be the one》個人創作專輯

王鼎琪小檔案

學歷

- 英國牛津Oxford Brookes研究所畢業

現職

- 寵物星球頻道創辦人
- CQ Mind凱祺知識管理中心暨鼎琪高效能學府創辦人

證書

- IPMO美國自然醫學醫師
- AANM美國自然醫學研究院國際花波講師
- IHNMA國際自然醫學學會催眠師認證

經歷

- Beyond English Club 超越英語力俱樂部共同創辦人
- 中華國際領袖基金會國際顧問
- 今周刊雜誌、獨家報導、Taiwan華宇雜誌專欄人物
- 舊金山Glide Foundation公益募得單筆263萬美元紀錄主持者

我與寵物的緣份

小的時候，因為父母白手起家忙於創業，為了維持家計忙碌到半夜，我就成了那位住在山邊空蕩房子內的小主人，家中又遭過小偷，特別沒有安全感。因此，我的父母為我找來一隻雄壯威武、氣宇非凡的德國皇家名犬羅威那，牠叫Michael。牠的特色就是不愛叫，一叫就是發現有狀況了，非常聰穎負責又親切，不像外表那麼冷酷，牠是我的好朋友，陪伴我度過兒時那段歲月。

有一天，牠不那麼靈敏了，怎麼叫也叫不動了，父母送牠去醫院住院數日，回來的牠不太一樣了，聽不太懂我給予的指令。長大後我才知道，牠在醫院沒有幾天就過世了，我的父母為了不讓這個實情使我難過，於是尋遍了整個台北市，就是希望能找到一隻跟牠一模一樣的，所以回來的是隻Mary，難怪牠不習慣我叫牠Michael。小的時候，怎麼分的清楚呢？可見爸媽的用心良苦。這是我養寵的第一段回憶，我很感謝這隻陪伴者來到我生命中所做的貢獻，因為牠讓我勇敢了！

第二段的養寵回憶是一團謎，有一天回到家，爸爸送給我的兔子們群體暴斃，我驚嚇萬分，當時只是小學生的我，只知道自己很盡力在照顧也很用心在愛牠們，到現在我也不知道為什麼！

這一次，我的角色換了，家中的成員多了一隻狗、兩隻貓、四隻烏龜、兩條魚，他們的照顧者是長輩與孩子們，我相信這段旅程當中，我會有許多精彩的點

王鼎琪現在家裡有狗、貓、兔子、烏龜和魚等寵物

王鼎琪的兒女一樣熱愛寵物

能搭起和成為一座寵物與人們之間彼此需要的橋樑，藉此能夠得到均衡，以及在人寵的產業中彼此互助、共享與分享；也讓想投入寵物相關身心靈產業的人都能互相幫忙、培養一技之長，增加自己的競爭力。透過寵物星球頻道平台助人與分享的過程，匯集台灣精華資源與優秀人才進軍世界，讓台灣品牌有機會走向全球發光發亮。感謝您的支持，也希望您一起來協助寵物星球頻道更有力量地執行這項任務。

滴與動力來成就寵物星球頻道存在的價值。

2021年開始，台灣的寵物數量已經超過15歲以下孩童的數量，寵物在我們的生活當中將扮演無處不在的各種角色，牠們可以是我們的導師、醫生、朋友、家人、工作夥伴，我們需要牠。當然還有一群更需要我們的，在中途之家等待你我關懷與支持。創辦寵物星球頻道這個平台，就是希望我

歷年與世界級合作紀錄

- 全球暢銷書心靈雞湯作家馬克韓森 即席翻譯
- 美國白宮談判專家羅傑道森 授證講師
- 世界第一名行銷大師傑亞布拉罕 專業訓練
- 世界第一領導力大師約翰麥斯威爾 專業訓練與即席翻譯
- 第一屆台灣地區奧林匹亞盃記憶大賽 主辦人
- 世界第一保險大師梅第亞洲巡迴千人演說 主辦人與即席翻譯
- 第九屆亞太保險大會40國小巨蛋萬人演講 主持人
- 2013世華之夜外交部千人晚宴 主持人
- 2019世華全球年會千人開幕大典 主持人

近期得獎

2019/10/5
- 於美國矽谷獲頒美中傑出企業家獎

2019/10/17
- 於中國西安獲頒中國百強講師
- 最佳學習項目高效能
- 一帶一路兩岸交流貢獻獎
- 中國企業培訓卓越管理者獎

萌寵教主 王宥忻 揭開羊駝界王子麥可身世之謎！

都市版的動物森友會開箱
草泥馬魅力無法擋！萌獸麥可正夯！

羊駝在台灣又被稱為「草泥馬」，但是牠不是羊也不是馬，而是駱駝科動物，表情委屈、天生萌萌噠的模樣曾被戲稱為「中國十大神獸」。羊駝生性溫馴，不僅生長在草原上，也是適合在家飼養的寵物。羊駝的毛適合紡織，通常有黑、白、灰、咖啡色，因紡織業需要方便染色，所以目前白色的羊駝數量佔最多。

羊駝毛不會分泌羊脂也不易沾染上灰塵，對人體也比較不容易產生過敏反應，因此在布料界又有「軟黃金」之稱，所以很多家長會選擇購買羊駝毛製成的娃娃、圍巾或是大衣，小朋友靠近也比較不會打噴嚏或是流鼻水。

萌寵教主又稱「財富女神」的王宥忻在北投豪宅養了兩隻擁有無辜大眼睛的草泥馬，白色的羊駝叫麥可，咖啡色的叫GAGA，在寵物界人氣超高。萌寵麥可的TikTok不到兩個月就破5萬粉絲，瀏覽率破1800萬，一支影片最高瀏覽破210萬！

寵物星球頻道久聞大名，特別到現場拜訪，一腳踩進都市版的動物森友會。除了兩隻羊駝、兩隻迷驢之外，現場還看到兩隻長耳兔、三隻食蟻獸、四隻水豚君、一隻兔豚，還有一隻吉娃娃、一隻貓。王宥忻開心分享：「看到動物就覺得很開心，好像感覺我家裡面有很多家人，大家很快樂地聚在一起。」

王宥忻花很多心思和時間照顧這些萌獸，給予他們最好的照顧，除了給萌獸們足夠空間活動，每周還需花時間清洗牠們，陪伴牠們、修毛修指甲。萌獸來家裡的第一件事，就是先去做全身健康檢查，以確保牠們的身體健康。

王宥忻與牠們就像與小孩一樣親密互動，時常帶著牠們在住家附近趴趴走，牠們乘坐的交通工具是特斯拉，每每一開啟雙翼的車門，一蹦而下的就是萌呆的麥可與GAGA(咖啡色草泥馬)，從搶著拍照、在FB與IG追蹤牠們，到現在民眾或鄰居在路上都已習慣這樣都市中難得的小確幸場景，牠們儼然已經成為北投的寵物明星。

王宥忻跟我們分享，初春狗狗的發情時間會在春暖花開時節，狗狗一年發情兩次，春天和秋天兩個季節，貓咪發情則沒有周期，除了春天，其他時間也有可能。發情時期的毛孩容易焦躁不安，要注意發情期牽繩要牽好；賀爾蒙發威會因爲領域性而打架，有些毛孩發情期會挑嘴或不食，可在發情後餵食營養較高的補給品以提高免疫力。

她分享照顧寵物的心得，表示台灣的天氣變化莫測，不論是寵物還是人類，補充足夠營養絕對是預防疾病的最佳良藥，季節交替時可以多留意家中毛孩的身體狀況，如果食材營養不足，可詢問寵物營養師或獸醫師，加入適當保健品來補充營養。

萌獸麥可
@mic aelandjordan101
56.5K
粉絲
529.2K
獲讚
兩個月破5萬按讚粉絲
瀏覽數破1800萬
神獸麥可的生活趣事
萌獸麥可Instagram
請洽我阿嬤 財富女神
我聊天點 進來群組
s://joy.link/alpacamicheal
更興奮麥可一支影片
最高瀏覽破210萬!!
已置頂
麥可會
被嚇到嗎
2.1M
已置頂
與羊駝麥可見面
的機會來了
432.3K
已置頂
養了2年的羊駝麥可
今天被逐出家門
1.9M

王宥忻家中有三隻食蟻獸，名叫Dyson（帶生）、帶寶、帶福，因為長相可愛，像極了北極熊，讓她動念想收編，但從申請報關到進口，花費了將近1年的時間才讓牠們正式成為家中成員。而養食蟻獸除了住處的溫濕度需要嚴格控制外，在吃的方面則要將菠菜、牛肉、專用飼料、蜂蜜等打成泥，才能讓牠們方便用舌頭進行舔食。

在王宥忻的身上看到她對動物的熱情，而這些動物來到家中最主要的起源是為了孩子的教養，她為了女兒，原本只飼養一隻半歲大的吉娃娃「喬丹」，後來考慮到公平性，詢問兒子的意見後，才收編草泥馬「麥可」，而收編草泥馬的源由是某天兒子看到電視上播出澳洲羊駝畫面得到的啟發，於是「麥克、喬丹」就成隊了。

王宥忻說，自從女兒開始養狗，不僅遵照約定遛狗、清狗便，甚至拿出零用錢支付飼料費，女兒變得很有責任感，還會幫喬丹手作名牌「我的寶貝」。兩兄妹擁有各自的毛小孩，生活有了明顯的轉變，「哥哥出門前，會先幫麥可清理大便，妹妹也會在哥哥不在時，幫忙照顧麥可，變得很負責任，很像小媽媽的感覺。」王宥忻說，養羊駝前做足功課，但翻遍網路只查到交配、生氣會吐很臭的口水等資訊，「羊駝擁有三歲小朋友的智力，我們也是一邊養一邊學，麥可剛來家裡的時候，我們很緊張，幫牠梳毛、剃毛時，我常對牠講話，也常幫牠洗澡，久了就混熟了。」王宥忻驕傲地表示，麥可長相帥氣又親人，除了個性溫和，呼喚牠時耳朵還會翹起來回應，並發出「哼哼」的撒嬌聲，也會常靠過來討親親，非常可愛。至於網路上說草泥馬生氣會吐出臭口水的次數其實並不多，「通常是因為不讓麥可亂吃桌上的食物，硬把牠拉走，牠才會發揮吐臭口水的威力。」麥克現在成為新北市警察局犯罪預防宣導的代言人、眾多教育單位的宣導者，隨著一對兒女化身麥可和喬丹的爸媽，王宥忻笑稱自己已升格為「阿嬤」，目前更計劃萌寵樂園的誕生，到時與大家一起分享。

寵物帶給邵庭的生命意義

毛孩的使命是要教會主人某些事

邵庭現在養4隻狗狗，分別是吶吶、頑頑、大吉與大利。每一隻狗狗都有不同的故事，吶吶是一隻非法繁殖場的種母，被警察救援後由邵庭領養，頑頑是在大水溝下被救援的狗狗，大吉大利是兄弟，則是向在台灣一個合法的培育者購買。與大吉大利的故事是，邵庭第一隻養的柯基犬Uni因為癌症離世，離世前有跟溝通師交代牠回來會叫大吉，然後又帶了一個跟班大利。

毛孩教會我，原來生命意義是這種形狀！

邵庭表示第一次養狗只是單純因為「喜歡」，接到寵物節目的主持後，在主持的過程中接觸到了動物救援，才了解到台灣有這麼多悲慘的故事。是透過領養過程才啟發她想學習動物溝通，「這讓我學到每一個毛孩來到你身邊都是有牠的使命在，牠一定會教會你一些事情。」邵庭用堅定神情這樣描述著。

「像我第一隻狗狗，以及後來的吶吶，吶吶是脊髓性的神經病變，是遺傳疾病，還有家裡之前有一隻貓咪急性心臟病過世，這些種種關於牠們的生老病死，牠們的生命對我來說也是很重要的一環，教我非常多。」

為了更懂牠們，學習動物溝通

學動物溝通的時候，才知道毛孩們的想法都非常簡單，邵庭描述著印象最深的是家裡有養貓咪跟狗，所以食物是分開的，但狗狗會跑去吃貓砂，跟牠溝通後才發現吃貓砂是因為覺得貓咪吃的東西都比較好，與牠溝通不要吃貓砂，但會拿貓咪的零食給狗狗吃，結果狗狗生氣表示我就知道貓咪吃我們吃不到的東西。很多的時候都是我們人類會想得很複雜，可是其實牠們要的就是這麼簡單。

像我們面臨到生離死別的時候，毛孩們知道生命即將逝去的時候，牠們會很簡單地知道我這輩子來這邊的功課已經快完成了，我要回去動物王國了，也會覺得我離開一個沒有病痛的身體了。沒接觸過動物溝通的可能會覺得無法理解，可是當你真的接觸後，會覺得非常有啟發，如果選擇去相信，會發現牠們的想法其實都很美，紹庭覺得這是一個很大的收穫。

「剛開始養狗狗的時候，觀念來自翻書本，要很明確告訴牠什麼是對的，什麼是不對的，但是這幾年接觸後的經驗告訴我，舊的觀念需要完全被推翻的。我們要學習老師們進行愛的教育。」

「毛孩們最喜歡被誇獎，學習坐下指令誇獎的時機是牠屁股一接觸到地面的時候，給牠各種誇獎跟獎勵，獎勵可以有程度上輕重。假如毛孩做出主人不喜歡的行為，大部分的人會說不可以、no、no、no、下去，但是我們要學習正面的教導方式，當牠做你不要的事情要忽略牠，因為牠不會分辨好棒棒跟no、no、no。」

邵庭認為在台灣養寵物的門檻太低了，只要供牠吃、睡，就已經達成養寵物的基本要件，因此導致主人會覺得「我不懂上網查就好」，或是「我不知道的問別人就好」，而今邵庭養了四隻狗、六隻貓，則是去請訓練師做行為訓練學習，「像我們家這兩隻牧羊犬來的時候，我也是紮實重新上了一次課，這個就跟人一樣，隨時讓這一部分每一年都會有新的資訊，都要去精進學習。」

邵庭希望所有的飼主們，要理解一件事情，就是醫療、行為教育跟溝通這三者是不一樣的。動物溝通不能治病也不是行為教育，一定要相信醫師跟行為教育的訓練師，這個觀念是非常重要的，單單溝通是不可能幫牠治病，不可能教會牠行為上應該要有的基本規範。

「透過這本雜誌我想讓養寵物的朋友們知道，現在養寵物已經不再像之前那樣只是提供吃喝住，而是飼主們都要有更多的知識以及金錢、空間的準備，心靈內在力量的準備也很重要。」

寵物來到我們生命當中扮演什麼樣的角色？

邵庭：「去學動物溝通之前，我都會說養寵物，但我的溝通老師認為我們要把毛孩當成寶，在與牠們相處擁有的這個過程當中，其實真正被寵愛的是我們自己。所以我在上動物溝通後，溝通老師說是因為這樣子的想法，所以不會說毛孩是寵物，我也是真的理解到最被寵愛、被療癒的，得到慰藉最多的其實是我們本身。」

如果天上掉下來一億元，想為動物做什麼事情？

邵庭：「我想要有一個可以讓毛孩們，每天一開門就衝出去奔跑的地方。」

「其實這麼多年接觸救援、行為教育、醫療與送養。一開始也是從『領養代替購買，生命不能買賣』，這樣的口號來做，後來現在我認為是『終養教養不棄養』。無論是領養救援的，或者是跟合法的培育者購買的，只要你是從正確管道獲得，然後在教養中用心養一輩子，這個都是好的。」

「如果真的想要在台灣為牠們做點什麼，希望能夠在未來台灣動物的福祉可以變好與減少流浪動物，以及虐待動物的狀況都不要再發生，讓動物的福祉可以更上一層樓。達到甚至像德國這樣子先進的程度，我覺得唯一可以做的事情就是教育，我們一定要從教育扎根去做這件事。」

有一天，我們先走了，牠怎麼辦？

有一天我們先離開了世界，不得已留下我們一生中最忠實的朋友，誰可以照顧好牠們呢？

毛孩是我們一輩子的家人，但是你有聽過有人在過世後，竟然將自己的財富留下給自己的毛寶貝嗎？在國外真有位富豪過世後選擇將自己的大筆遺產留給寵物，這位傳奇的獨居老富豪因為重病纏身已經不久於人世，他擬了遺囑將自己價值500萬美元的遺產留給愛犬，並且將自己的愛犬託付給好友照顧。我們也聽過Chanel香奈兒品牌創意總監的時尚大帝老佛爺Karl Lager feld卡爾拉格斐，在癌症過世後也將自己的巨額遺產留給了自己的貓——Choupette邱比特，而這隻貓也成了這世界上最富有的貓之一，因為牠有1.5億台幣。這個世界上有多少人努力了一輩子甚至好幾輩子也賺不到這個錢，如果你看到這邊覺得誇張的話，那麼接下來的更是不可思議。

「岡瑟四世」(Gunther IV)是一隻德國牧羊犬，牠之所以有錢是因為繼承了父親「岡瑟三世」(Gunther III)的全部財產。據說，「岡瑟三世」的主人是奧地利伯爵夫人卡洛塔(Karlotta Leibenstein)，她於1991年去世時留給「岡瑟三世」約1.06億美元(約新台幣31億)的財產，並委託親友幫忙投資，這筆金額至今一路增值到3.75億美元，相當於台幣113億元，也就說牠可以買下一部分的101大樓(市價約600億)。牠每天還有將近12名保母負責照顧牠，牠的名下甚至還有一棟向國際知名女歌手瑪丹娜購買的別墅，價值300萬美元(約新台幣9千萬元)。不管這是真的或是後來有人爆料這是房地產公司的炒作，寵物的存在價值已經超越我們所能想像的。

還有一隻美國網紅貓，綽號叫「不爽貓」，牠以「脾氣暴躁」的面部外觀而聞名，牠的照片在社交新聞網站 Reddit 上發布後，Reddit 用戶根據照片創作的「Lolcats」和模仿作品變得流行起來，根據維基百科截至2020的資料，Grumpy Cat 在臉書上的按讚數為830萬，Instagram(IG)上擁有260萬關注，Twitter上擁有150萬關注者，而 YouTube上擁有283,000名訂閱者，現在的牠擁有9950萬美元（約新台幣30億）。我們耳熟能詳的知名脫口秀主持人歐普拉（Orpah Winfrey）的5隻狗寶貝（Sadie、Sunny、Lauren、Layla、Luke）也身價不凡，因為歐普拉也在自己的遺囑中寫道，她將留給牠們3000萬美元（約新台幣9億元）的財產。

我們來認識一下，寵物遺產到底是怎麼回事！

在法律規定裡，寵物並非權利主體，只能算是物，因此是不能去繼承遺產的，那為何還有這麼多真實的案例呢？其實要達成這個目的並不困難，只是繼承的方式有所不同，並非像是一般由人去繼承而已。這個專業的名詞叫做：「死因贈與契約」，指的就是死亡後才發生贈與效果的契約關係，基本上就是贈與人過世時，若受贈人還存活，這個契約就會發生效果，會按照契約內容將贈與人有贈與的財產贈與給受贈人。簽下這款契約，將自己的寵物遺贈給他，並且留下一筆金錢供他照顧寵物，這樣一來就能夠確保你的寵物有人照顧並且生活品質優良。

性，盡可能掌握寵兒是否受到妥善照顧，另外也可以在信託契約中設定終止條件，以免當寵兒被不當對待的時候，介入或中止的過程變得困難。有關這方面的法律問題還是要以台灣當局的現況與專家討論細節為妙。

在國外，的確有越來越多將大筆遺產留給寵物的案例，基本上便是按照這樣的概念來讓寵物得以繼續受到良好的照顧，並且那筆財富一方面可以讓寵物有足夠的經濟支援，也同時能夠讓接替你照顧寵物的人不會有經濟壓力，多餘的金額就會像是對照顧寵物者的一種感謝，這樣無論對哪一方而言都會是不錯的參考，你不需要擔心自己心愛的寵物會因為自己的離去而流落街頭。

因此，我們提供你幾個方法開始留意：

(1) 跟自己的律師好好聊聊。
(2) 找尋寵物相關慈善基金會看看是否有這項服務可以託付。
(3) 找到一位比你更愛牠的夥伴、友人或親人。
(4) 如果你是獨來獨往的人，不如現在開始參加犬聚，看看有無合適的人選，開始培養關係。
(5) 或是寫信給寵物星球頻道：petplanetchannel@gmail.com，一起幫你想想辦法呢！

除此之外，還有一種名詞叫做「安養信託」，信託的運作方式是：當事人在自己意識能力健康的情況下，先與自己信任的人簽訂契約，約定將來自己意識能力喪失或衰退時，由這位信任的人擔任監護人，並由信託業者協助管理這份財產。所以，如果擔心遺產被濫用或寵兒受照顧品質不如自己所期望，也可以在立遺囑的同時結合信託和公證，將寵兒受照顧的方式、內容、居住空間、餵食種類等等詳列下來，並設置「信託監督人」將遺產按月給付，透過信託監督人的幫忙，來查核遺囑執行人在費用使用上的恰當

聽聞國外富豪死後將龐大遺產留給犬貓，你是否覺得人不如狗、人不如貓？

本文圖片來源：pixabay.com

征戰奧運馬術專家 GOSS夫妻
Ryan and Regan Goss

身為專業馬術運動員、教練和獸醫的Regan和Ryan長年在國際征戰，已擁有數十年的經驗。但熱愛騎馬與馬術競技的他們，在2012年發生危及生命的一場事故後，騎上馬鞍為國比賽已成為過往雲煙，就在萬念俱灰，職涯面臨考驗的時候，上帝為他們安排了一個機會，讓他們轉戰通往人類整體健康和個人發展的世界大門。這個變革中，Regan和Ryan 透過教育幫助了成千上萬人，在世界各地培養了非常多領袖和企業家，讓他們不僅有機會分享他們在動物和人類整體健康和保健方面的豐富知識和經驗，還為自己和他人創造了一個身心靈健康與人脈交流的平台，創建了一處讓人才能發揮天賦、讓培育出來的領袖可以去激勵更多人實現目標與熱情，完成他們夢想的新天地。這是他們長期在與馬還有動物相處之間找到的所謂「簡單愛」模式，實踐在人與人相處與培育的生活中。

Regan 和 Ryan 很高興能幫助更多人發現並擺脫阻礙他們前進的因素，因著這樣的理念，越來越多成功人士加入了他們所建立的全球社群，大家都被他們致力於積極改變這個世界而感動！在這次的專訪中，我們問到成功的關鍵是什麼：他們不約而同地回答，「做一位得勝者」。Regan年輕時與抑鬱和焦慮症交鋒過，後來也成為一名癌症倖存者，儘管她的醫生告訴她所剩的時日不多，但最終她不僅活了下來，還在39歲時生下兒子。從很小的時候Regan就對動物尤其是馬充滿熱情，她參與過世界知名的馬術社群經營，也曾從歐洲、斯堪地那維亞和澳大利亞進口馬匹，以及為特殊人群培育優質的狗作為終生伴侶。

Regan 也從事過獸醫麻醉的工作與教學，並在獸藥行業擔任過各種營銷、銷售、培訓和教育的職務。身為一名獸醫麻醉師，大多機會在動物園和水族館為狗、貓和馬等家畜以及外來動物工

作，她最無法忘懷的經驗就是對一隻正在貝里斯野貓保護區進行康復治療的獵豹進行麻醉。除次之外，她對馬術障礙賽非常傾心，她還曾經到過英國與歐洲各處與不同文化的人和馬建立了關係，培育幼馬也是她的專業，她還為世界各地的客戶進口了許多頂級馬匹，並出賽大賽級別的馬術障礙賽。在這麼多精彩的經歷後，她回到美國居住在佛羅里達州，就在那裡遇到了丈夫Ryan。

Ryan

Ryan是在加拿大不列顛哥倫比亞省出生和長大，天生的運動才華使他在各種運動中都表現非常出色。生長在馬術世家，當他開始職業馬術生涯時，他所到之處的表現，就是一種自然契合所呈現的超高水準。Ryan在馬賽中擁有最高的技能，是因為他懂得如何與馬匹進行交流，啟發他這一切的就是蒙蒂・羅伯茨(Monty Roberts)和羅伯・雷德福(Rober Redford) 在《馬語者》(The Horse Whisperer)的這部電影，他發現了這個秘密，人們能夠像在野外那般樣與馬交流與融合。Ryan相信這些經驗就是他要來為動物和人類的溝通中做出貢獻，這也是他持續至今所教授和實踐的內容。

Ryan也曾經是獸醫師，但他熱衷專情在身為一名職業的騎手，他多次贏得全國冠軍後，將目光投向了加拿大代表隊參加北京奧運會的比賽，也投入自然馬術基金會推廣理念到世界各地，這些經驗促使他能夠在任何訓練與動物交流的表現中更為出色。雖然他的奧運夢想落空了，但他繼續專注於啟發和培養年輕的賽馬，最著名的坐騎是一匹名叫「薩默利」的小馬，牠贏得了著名的肯塔基德比的肯塔基橡樹比賽。

2012年，Ryan受了一次幾乎要命的傷病，這不僅結束了他的馬術生涯，還讓他感到失去了身份。在經歷了26次手術、痛苦的物理治療和情緒低落之後，Ryan選擇奪回自己的生命、做自己的主人。Ryan用自己的故事激勵了世界各地的民眾，他要讓生活中有困境的人知道，你擁有改變的力量，他就是大家的典範，千萬不要跟逆境低頭。

Regan and Ryan

Regan和Ryan除了擁有共同騎馬與在馬術的經驗上，他們還從意大利(Cane Corso 和 Lagotto Romagnolo)培育和進口稀有品種的狗，他們的育種計畫目的就是希望可以有質量地孕育出適合人寵相處終生，可陪伴且有氣質的寵兒。

今天的Ryan和Regan希望給兒子樹立榜樣，用他們的經歷與對動物的熱情在世界各地將人與動物的關係連結起來。過去動物教會他們很多事，給予他們滿滿的啟發，現在他們的生活非常富足，正是運用自己會的一切，用感激來回饋世界，影響群眾走向正面的時候了。

愛馬世家為國爭光

沿山路蜿蜒而上，進入台北紗帽山叢林深處，美麗大自然的群山翠嶺中，轉眼遇見有座三十幾年的優美馬場，盡收眼底的是「蟬噪林愈靜，鳥鳴山更幽」的清雅意境。

韓妮在法國尼斯三星級國際賽中，拿下青少年組冠軍，讓中華民國國旗飄揚

寶貝女兒韓妮是揚名國際的馬術國手

迎面而來的漂亮健美馬場主人，是大有來頭的前亞運馬術國手康瑜，於1994年廣島亞運獲得團體銅牌，為台灣亞運隊史首次拿牌。

陪伴康瑜身旁，露出燦爛帥氣笑容的老公韓偉醫師，是美國加州大學洛杉磯分校UCLA骨科教授、韓偉再生骨科運動醫學創辦人、瑞尖軟骨再生醫學權威、艾凱肌腱再生療法發明人，曾經出版《除了開刀你還能做什麼？軟骨神經肌肉肌膚再生密碼》暢銷書。韓偉醫師父親韓毅雄教授，是台大醫院的骨科主任，全亞洲第一個研究運動醫學領域的名醫。韓毅雄醫好了前總統李登輝的「網球腿」，韓偉治好了台新金控董事長吳東亮的「網球肘」，子承父業蔚為美談。

採訪韓偉醫師夫妻與其愛馬合影

康瑜賢伉儷都是超級愛馬人士，寶貝女兒韓妮今年22歲，從小和馬玩在一起，耳濡目染熱衷馬術，13歲起開始正式培訓。談起從小在馬廄長大的愛女韓妮，是國際馬術競獎的得獎常勝軍，康瑜夫妻臉上盡是燦爛笑容。韓妮從2015年開始遠赴歐洲比賽，2016年參加德國錦標賽，及在法國青少年錦標賽奪下冠軍，是亞洲第一人獲此殊榮，更讓中華民國國旗冉冉升起飄揚在國際馬賽中！2018印尼雅加達亞運馬術項目中，亦獲得佳績。

當大家都以羨慕口吻詢問：「是如何將寶貝女兒韓妮，培養成如此傑出優秀的馬術國手？」

康瑜露出愉悅發光的眼神說：「從韓妮六個月大的時候，我就抱著她一起來騎馬訓練，她是在馬廄裡長大的小女孩，馬場生活就是她兒時記憶的亮點。韓妮小時候拍攝的第一張照片，就是和一匹叫Pan的馬兒一起拍的。」

韓妮是很努力付出的選手，2018年為能順利拿到亞運的門票，2017年6、7月間，她在短短7週內遠赴德國、法國等地參加4場比賽，努力累積比賽積分。

韓偉醫師全家緣定馬術
康瑜&韓妮母女皆獲獎馬術國手

採訪／王鼎琪、吳錦珠　撰文／吳錦珠　攝影／邱挺皓

5千坪馬場30幾匹進口駿馬

占地5千坪的馬場，有30幾匹德國、荷蘭等國進口的駿馬，規劃完善、花木扶疏的寬大馬場，風光明媚、如詩如畫，陽光透過樹枝的縫隙照射而下，地上印滿大大小小的粼粼金光。湛藍天空翻騰的朵朵白雲，像百匹俊馬，在天空中奔馳跳躍！有的俯首猛衝、有的昂首嘶叫！

對映馬場裡的30匹馬，每匹駿馬兩眼閃亮，有的在馬廄裡休息，有的雄姿勃勃地在草原上奔跑。一馬當先、馬到成功、金戈鐵馬、龍馬精神、千軍萬馬、萬馬奔騰的畫面何其壯觀！

「在我十二歲時，很喜歡動物的父親，某天經過一個馬場，看到有人養馬，他就買了兩匹馬，開始養馬並在內湖經營馬場。我從小跟馬特別有緣，在自家經營的馬廄裡，看看馬、摸摸馬、學騎馬，就這樣跟馬結下這輩子的不解之緣。」康瑜甜笑著，娓娓道來與馬結緣的因緣際會。

馬術運動在歐洲盛行，馬術、馬球是時尚高雅的貴族運動，奔馳的駿馬、專業選手騎在馬上的英姿，都讓人為之動容。康瑜說，「多年前台灣的馬術發展還不興盛，小時候學騎馬是好玩，每次我們騎馬出外，很多人都會投以羨慕的眼光，有時騎馬去海邊跑沙灘，同學們還非常羨慕我。」

「愛上騎馬之後，我自己去德國訓練了兩年，德國教練的訓練方式是非常嚴謹、有系統性的，教練要求很嚴格，每一個動作都要求做到百分之百。參加國際性的馬術比賽、經營自己的馬場，跟很多愛馬人士一起享受愛馬的快樂人生。」康瑜說。

韓妮母女在國際馬術賽事上勇奪獎牌

與馬對話互動有獨到絕招

在馬廄裡看到韓偉醫師跟愛妻康瑜，與馬親切良好地溝通，每匹駿馬都像是他們的寶貝孩子般被寵愛著。與馬之間的對話、互動更有他們獨到的一套方式。

康瑜說:「人跟馬之間雖然不能用言語溝通，但馬是很懂人性的。」她跟老公韓偉醫師，都喜歡在馬場、馬廄蹓躂，餵馬兒們吃東西，摸摸馬、親親馬，必須跟馬博感情、頻繁地親密互動。她強調，作為一名騎士要密切與馬匹交流，培養良好信任和感情，不只是在騎乘馬匹時，更要常常帶牠們出去吃草、多花時間陪牠們，讓馬兒能多認識你，讓馬兒們看到你就會很高興。

韓偉醫師也是馬兒們最好的朋友，他分享與馬相處的幾個好動作。當你要跟馬親近時，不要從牠的後面，避免馬被驚嚇從而踢人；也不要從正面靠近牠，好像要攻擊牠。你要先發出溫柔的聲音、比較慢的動作，告訴牠我要靠近了，再從側面輕輕摸摸牠的脖子。馬是很膽小的動物，不要一下子很大聲，以免驚嚇到牠。

康瑜進一步指出:「包括人的眼神、聲音、肢體,都很重要。要跟馬培養好感情,常常刷刷馬、洗洗馬、幫牠背鞍,都是很好的互動方式。如果你突然發出很嚴厲的聲音,馬兒就知道牠可能是做錯事了。如果你是用溫和的聲音,拍拍牠、摸摸牠、安撫牠,讓牠知道你在鼓勵讚美牠,馬兒就會很高興。」

「馬兒跟人一樣,一天吃三餐,馬廄的草都是國外進口的,還有很多調好配方的營養補充品,穀類的、添加維他命的......因為我們馬場的都是運動馬,需要補充對肌肉生長更好的一些營養品。」

「夏天很熱,馬會流很多汗,要補充電解質,也給馬兒喝人喝的黑麥汁。若是比較瘦一點的馬,會在晚上9點左右,給牠吃第四餐,再加餵兩、三公斤的進口草。」康瑜說馬的飲食跟人一樣,除了主食也要搭配副食,而且要每天按時定量。

人馬合一最高境界

馬兒愛洗澡嗎?答案是:馬兒很愛洗澡。

「洗馬比洗狗還快,馬在馬廄裡會乖乖讓我們幫牠洗澡,狗會動來動去的。」

「馬很享受沖水洗澡,台灣夏天炎熱,馬運動完後,我們就把牠放在馬廄沖洗10分鐘,可以讓牠降溫避免中暑。平常一個禮拜兩三次,用很好的沐浴品、洗髮精幫牠刷刷洗洗。」康瑜表示,要幫馬兒洗澡刷背,讓愛馬身體保持乾淨。

馬術是一種全身性的運動,騎馬40分鐘,相當於慢跑5公里。騎馬是讓人心情愉快的療癒運動,騎馬是一種高尚運動,更是藝術,騎師與馬匹在比賽中,得靠騎師跟馬匹十足默契配合,考驗的是技巧、速度、耐力、跨越障礙的各種能力。

身為馬術國手的康瑜說:「馬術是很具挑戰性的運動,主要評分項目包括騎士與馬匹的動作、步態和動作標準性等。常有人會誤以為,馬術是很輕鬆簡單的運動,其實要將馬騎好並不簡單,尤其是要當馬術選手,每天必須投入大量的時間精神心力,進行嚴格的訓練,要付出很大的努力練習,而且馬兒有脾氣、個性,也會疲累,得好好跟牠溝通交流協調,與馬建立良好的親和共識,才能和馬兒融合成『人馬合一』。」

「我們馬場裡有30匹馬、還有10隻狗、家裡也養了三隻貓咪,這些狗都是別人棄養送來馬場門口的,狗狗在5000坪大的馬場裡,活動空間很大,都養得很好,過得好快樂哦。因為跟馬兒在一起,感覺狗都特別雄壯威武呢!」韓偉跟康瑜賢伉儷笑開懷說。

康瑜說,她曾經養一隻貓咪,不幸得癌症,輾轉就醫於台北獸醫院、台大動物醫院、還帶著貓咪搭高鐵去台中做5次化療,只希望能讓心愛貓咪減輕病痛,多活些時日。

愛馬世家韓偉醫師,為國爭光的獲獎馬術國手康瑜、韓妮母女,他們不只愛馬,也愛貓狗跟動物。慈悲為懷、愛心滿溢的馬場主人韓偉醫師康瑜賢伉儷,歡迎愛動物人士,光臨紗帽山近郊的漂亮馬場,一起享受騎乘駿馬在場上奔馳,一馬當先、馬到成功的快樂!

韓偉醫師夫妻的馬場裡還有包括狗、羊在內多種小動物,和馬一樣健康、快樂地被愛著、生活著。

鄒嵩棣 雍容不迫 傲然屹立 是台灣寵物飼料界選品王

採訪／王鼎琪、吳錦珠　撰文／吳錦珠　攝影／Raf

神采飛揚、精神煥發、英俊瀟灑、相貌不凡、文質彬彬、樸實有禮、玉樹臨風、一表人才的雍立貿易股份有限公司董事長鄒嵩棣，從小就特別喜歡寵物，養過貓、狗、烏龜、鸚鵡、松鼠……在他寬敞氣派的辦公室裡，可看見很多大大小小的石雕狗、烏龜。

對毛小孩的愛傳承45年

「愛牠，就要一輩子好好照顧牠。」鄒嵩棣語帶溫馨地說。在寵物的世界裡，主人就是牠的全部，而寵物只是我們的一部分而已。因此不論人們養什麼樣的寵物，都要好好寵愛牠一輩子。

出生南投縣的鄒嵩棣，成功經營寵物飼料業已經45年。他說早期台大動物中心實驗室的飼料，都是由美軍供應，在民國68年中美斷交後，面臨斷糧的危機，同鄉的實驗室主任江合祥問他:「要不要做進口實驗動物飼料的生意？」於是雍立公司就此誕生，雍容不迫、傲然屹立，專注投入寵物飼料的世界，鄒嵩棣因此成為台灣寵物飼料的第一人。

雍立成立於1977年，初期代理實驗動物飼料，成為動物園營養補充品供應商，接著跨足大眾寵物飼料市場。雍立追求「樸實」、「誠信」、「永續」的信念，堅守品質，讓毛小孩吃得實在、安心；待廠商和消費者如家人，信守承諾、真誠以待，經營45年，邁向一甲子，將對毛小孩的愛傳承下去。

鄒嵩棣強調:「因為在乎，所以投入。雍立的標誌，是來自於『天然』和『熱情』。綠色，代表著純淨，以最天然的食品給毛小孩，吃得安心、健康是我們最在乎的。橘色，代表著熱情，從內心散發出對於寵物的愛，以熱情和專業來讓寵物健康地長大。」

雍立進口寵物飼料的第一品牌

他回想創業初期，當時民眾養狗，不捨得花錢買飼料，多數給狗吃剩菜、剩飯。鄒嵩棣白手起家創業初期，只有一個客戶——台大動物中心實驗室。美國原廠將目錄寄給他，他發現，台灣沒有進口寵物飼料，請美國進口一個貨櫃來試賣。當時台北市的獸醫院只有20幾家，經營貓狗飼料的生意不太順利。

憑著「山不轉，路轉；路不轉，人轉」的信念，頭腦靈活聰明伶俐的他，將飼料改為寄賣，獸醫院賣多少貨，就結算多少錢。雍立從此打開寵物飼料的一片藍海，成為進口寵物飼料界的第一品牌。

鄒嵩棣代理美國多個寵物飼料品牌，銷售業績長紅，但美國原廠要求業績必須逐年成長，他驚覺再如何拼命努力，也是在為人做嫁衣，且多所限制，不如獨立門戶自創品牌，朝OEM前進。至今雍立產品中也有很多是自有品牌，其中「犇」狗罐頭，已銷售30幾年。

他強調，OEM品牌的優勢就是不會輕易被取，能保有經營優勢，而且能與時俱進，製作最符合寵物健康的添加物，例如人參、綠茶、蔓越莓......。

精力充沛、活力十足的鄒嵩棣回憶：民國70年時，狗價很高，一隻狗要價幾萬塊錢，一包飼料50磅，賣2000多塊錢，當時關稅高達120%。對比一下，那時公務員一個月的薪水是3000塊錢，所以一包飼料的價錢，是公務員2/3個月的薪水。

「我很喜歡養狗，民國70幾年時，買一隻牧羊犬20幾萬元，可以買半間的房子啊！」他呵呵笑說，與寵物的深厚緣份，應是與生俱來的。

最堅持高品質的雍立，不斷推陳出新，包含有機類、無穀類、魚類原料，更有添加人用等級的高級紅樟芝罐頭「骰子貓」，以人的高規格需求待遇去製作、餵食貓狗。更有以澳洲羊肉及袋鼠肉為原料，所製成的零過敏飼料，深受飼主歡迎。

「寵物飼料市場一年有近200多億的營業額，70%是國外進口，30%是國內製造。原料以天然的最好，市場上有五花八門的寵物保健品，我一向強調飼料成分，一定要是天然原料最好，雍立的原料全部採用純天然萃取物。」鄒嵩棣說雍立最堅守高品質，要讓毛小孩吃的飼料既純實且安心，將消費者和經銷商，視爲家人般信守承諾。

慎選產地是雍立產品在市場上獨特的優勢，他表示，採購原料時會先選擇適合的產地國。雍立實驗動物的飼料產地來自美國，寵物飼料是來自澳洲、加拿大。紐西蘭是畜牧國家，紐西蘭人不吃動物內臟，會將內臟銷售給飼料廠製作成狗罐頭，內臟富含豐富的蛋白質。雍立真材實料、含肉量占50%以上，狗罐頭的高品質深獲好評、相當暢銷。

鄒嵩棣看好寵物巨大商機，他說：「近年來人們長照的議題，引起巨大討論，寵物跟人一樣也有生老病死，同樣需要長照。」

他進一步表示，台灣貓狗等寵物，總計超過300萬隻，相對美國的8千萬隻寵物，還有很大的成長空間。2020年開始，台灣的寵物數量已經高過於15歲以下孩童的數量，可見寵物商機大無限。

熱心公益，拋磚引玉

COVID-19肆虐全球經濟，影響公益團體正常運作。雍立貿易董事長鄒嵩棣於2021年，率先捐贈成貓及幼貓飼料。這款「猋」飼料，來自加拿大專業寵物食品製造商OmniPET NUTRITION，符合美國飼料管理協會（AAFCO）標準，並通過歐盟食品SQF安全品質最高三級認證等殊榮。要捐也要是最好的，這442公斤捐予「台灣咪可思關懷流浪動物協會」，讓貓咪們安然度過6個月，也提供腸道保健、過敏舒緩保健品各20盒，心血管、關節、泌尿道等「喜威」保健品各10盒，金額達22萬，希望藉此能拋磚引玉，並呼籲其他業者也能慷慨解囊，幫助流浪動物度過難關。長期關注公益議題的鄒嵩棣表示，不只是貓咪的關懷，日前也透過每個月定期捐贈180kg澳洲阿拉卡特飼料（ALACARTE），持續幫助台灣導盲犬協會北部辦公室的幼犬們健康長大；也在嘖嘖平台協助發起「導盲犬搖籃計畫」，成功募款近66萬元，讓基金會有能力買一台新的訓練犬車。鄒董是中華民國寵物食品及用品商業同業公會創會理事長，若有需要協助的弱勢團體，可以透過公會中的社會公益委員會提出申請，目前公會會員有近200家，不管是對人對動物，公會都會在第一時間提供最大協助，幫助您渡過困難，尤其在這嚴峻疫情之際。

鄒嵩棣經營雍立45年來，以「立足台灣，展望世界」的宏觀前瞻理念，在疫情這段時間，更勇於創辦全新企業「沛思特0元養寵新天地」，這個劃時代的新概念就是讓消費者也成為這個產業的一份子，不只消費，進而透過分享然後賺取養寵積分，再兌換免費商品，達到每月0元養寵的可能，也歡迎業者可以在這平台中申請成為異業結盟商，一起享用平台資源，達成共闖天下的新潮概念。只要有人類就會有寵物，寵物在這個世界上，已經有千年的歷史了。鄒董時刻關心、堅持給毛小孩最好的，隨時跟著世界的潮流來做精進。以45年寶貴的經驗和對市場深入的了解，將優良的產品與服務的概念拓展到全世界，這是下一個45年要持續努力實踐的目標。

⓪元養寵

歡迎加入FB／IG與我們聯絡

FB：沛思特Pet Star

IG：petstar_taiwan

毛奴們應該要知道的
藏在紫色炫風中的

主人們一定要知道，席捲全球紫色的旋風中，毛孩們健康的最佳夥伴！而推出如此產品的人，卻原本對寵物一點興趣都沒有，他就是美商愛希麗大中華地區的總經理陳唯亮。生長於香港的他，從小一開始對寵物一點興趣也沒有，直到17歲時那年在加拿大主修哲學系，從哲學裡了解到生命意義，進而開始關注寵物議題，並試著以哲學觀點思考人與寵物之間的陪伴及親密關係。

陳唯亮說：「從小到大都沒有想過要養寵物，對毛孩的第一印象也不太好，因為當時留學的寄養家庭有兩隻狗：一隻拉不拉多，一隻米克斯，當時的狗狗會在房間與被子上尿尿，讓我感到不悅，但也因跟寄宿家庭家人感情很好，而開始學會接納牠們，開始學會帶狗去散步，甚至去Pub也會帶狗相伴；從原本的排斥，到後來才發現當人與狗的距離拉得足夠近時，彼此之間的情感原來是那樣的不可抗拒。」

猶記得2018年當時的女朋友特別想要養狗，陳唯亮原本想要反其道而行阻止她養狗，故意帶她去台北基隆路上一排寵物商家，親自看看養狗會有多麻煩。不料，反而是自己在挑狗狗的時候一見鍾情，看中了現在所飼養的這隻比熊犬——「便當」。

形容當時遇到「便當」的感覺是：「如果我把妳放下了，留在這，不帶走妳，而妳的主人不是我，我怎麼辦？」這種突然而來的靈魂對話，像極一見鍾情的感覺，有種被電到、天雷勾動地火的衝擊。後來與女朋友商量好之後，我們決定花兩天時間將家裡改裝、布置、規劃區域，買個小狗屋、尿墊、尿布、飼料，都準備好時就把狗狗接回家。

一般生小孩有10個月甚至更長的時間去做準備，但養寵物是兩三天就要預備怎麼當一個父母，當時心情緊張又興奮。取名叫做「便當」是因為外國朋友都會將毛孩取名食物的名字，陳唯亮認為便當裡往往有很多豐富的菜色，命名便當，希望牠可以有個多姿多彩的狗狗人生。

因為疫情關係，讓我們有更多的時間相處，不管是與家人或是與寵物，就是當彼此空間都變得有限的時候，相處正是考驗關係的最佳時候，遇到挑戰還

貓狗適用的全方位營養補充品 —— 萌力佳

健康法寶
毛孩福利！

陳唯亮與比熊犬便當

可以關關過，彼此仍能深愛者對方，那就是無條件的愛。也因為這份對人、對寵物的愛，讓他所求所想的夢想成真。陳唯亮不只在美國尋求到一份寵物的好配方，也在台灣的市場中尋求到最佳的寵物產業合作夥伴，正式結盟開啟萌寵保健新紀元。

推動「寵物營養轉型計畫」，愛牠就是給牠最好的

秉持營養專業及創新思維，美國Asili Global正式跨足寵物營養領域，推出貓狗適用的全方位營養補充品——萌力佳(MoringaPet Balance)，並突破性地與台灣經營寵物飼料45年經驗的鄒嵩棣先生展開戰略合作，除了合力推動「寵物營養轉型計畫」，亦結合旗下複合式品牌，推出一系列寵物食品及保健食品，為毛主人打造更好的一站式購物體驗OSS (One stop Shopping)。

這份來自美國的配方是全方位寵物用植萃粉，原本想提供每個家庭一個在健康方面的解決方案，後來發現很多家庭裡面有毛小孩，從相對的角度來說，就是你的客人一直愛買保健品，但客戶買不到寵物保健品，因此考慮能照顧到毛孩，就做綜合營養素。陳唯亮表示公司研發團隊在研發這個創新配方時，也需要符合品牌創新與產品訴求，所以他最終決定以「預防勝於治療」為概念，進而推動了「寵物營養轉型計畫」。而值得關注的是，寵物營養轉型計畫其中的關鍵亮點成分就是辣木，辣木在很多熱帶國家，像是南美州、東南亞比較多，而辣木的營養價值極高，當中的維生素甚至比一般的檸檬橘子要來得高，富含的維他命C比橘子高六倍，鈣也比牛奶多，因此能夠給寵物補充營養、預防疾病，口味的調配上讓自己的愛狗、朋友、會員的犬貓也都很愛吃。

對待毛孩是一件照顧、貢獻，為彼此陪伴的事情，要學習如何去看待這樣的關係！陳唯亮透過寵物星球頻道與讀者呼籲：「如果你今天選擇養毛小孩，你是否考慮到牠有可能比你早離開？你是否有準備好在牠有限的生命裡給牠最好的？因為我們是牠的全部，而牠是我們的一小部分。」

「我很是鼓勵工作的環境中，有寵物一起陪伴上班，這是一種精神的鼓勵，在現今擁擠的都市中，緊張又繁忙的無謂壓力下，看見可愛的寵兒在旁邊穿梭，有時對於員工也是一種情緒的釋放，有時看見這些萌寵的樣貌，對於繁雜緊繃的心情也是種轉圜的療癒機制，對於上門的顧客，牠或許是我們的公關、天使、鎮店之寶。」

「Asili品牌名一詞源自非洲語，意味自然、原始的力量，不僅在產品的研發製造或是工作空間氛圍的塑造，我都希望回歸到自然、簡單的舒適給員工、會員還有我們的寵兒。因此Asili亦希望有朝一日可以朝著『寵物友善空間』的目標前進，成為寵物及寵人的『健康最佳解決方案』。」

美商愛希麗鼓勵員工攜帶寵物一起上班

美商愛希麗
電話：0800-666-930
地址：台北市忠孝東路一段55號7樓

陳唯亮與比熊犬便當

獸醫界の吳宗憲

劍橋動物醫院院長

翁伯源獸醫師

教你自救毛孩

翁伯源獸醫師經常主持獸醫師公會的活動，他無厘頭幽默的主持風格，被類比為綜藝天王吳宗憲；在獸醫界每天囿於生老病死嚴肅不過的氣氛裡，翁醫師認為更應該歡喜以對，要把生硬的養寵專業，化難為簡，改苦為樂，歡樂才能有好精神，心靈健康就會帶動身體的健康，不只是飼主或寵物，就是醫生本身，都需要身心靈的健康。

根據PFI美國寵物食品協會調查，台灣的毛小孩體脂肪特別高，大約有3成寵物的體脂肪會超過36%，且容易出現心血管相關方面的疾病，而心臟病問題高居台灣狗貓十大死因的前三位。根據統計，家犬發生心血管疾病比率約占17.5%，家貓約占7.5%。寵物罹患心血管問題是不可逆的過程，要如何及早發現?平時的居家心血管保健又該如何處理？

翁醫師回答：狗貓的基因本身就有帶一些心臟病缺陷，像是小型犬容易出現瓣膜退化，形成閉鎖不全；大型犬則是心肌異常的擴張性心肌病；貓常見就是肥厚性心肌病，這些疾病大多是由遺傳基因決定，並且會隨著年紀增長而在老年時產生病變，但平常不容易察覺何時會開始出現相關病變，因此在這之前，飼主們可以從幼犬或幼貓的時期，開始進行日常的保健工作，尤其是特殊品種(例如馬爾濟斯、布偶貓、杜賓犬)好發性較高，從小就應該做好預防的工作，試著讓瓣膜退化的速度延緩，避免因牛磺酸不足造成的擴張性心肌病及心肌肥厚和血栓等問題。

市面上有許多的犬貓保養品，尤其是心血管保健，首先要挑選含有芝麻素的產品，因為可以提供優質omega 3來源，並具有極佳的抗氧化作用，有效減少自由基，產生降低體內壞膽固醇濃度、增加好膽固醇的作用，並能調控肝臟內的酵素，抑制壞膽固醇的形成，以達到心血管保健作用，此外若合併有特殊的成分，像是日本專利紅蚯蚓萃取酵素，可以讓血液不容易生成血栓，再加上大家熟悉的紅麴，可調節血糖及血脂肪，維持血管的功能正常。

70%以上的狗狗及貓貓每日飲水量可能不足!而不愛喝水對貓咪產生的影響更為顯著，由於貓咪的腎臟腎元數量僅僅只有20萬個，比起狗狗的30萬個和人類的100萬個，數量明顯不足，這樣的先天不良又加上後天飲水量不足，這也就是為什麼貓咪容易出現腎衰竭及下泌尿道疾病。貓咪尿液是濃縮的，若是情緒緊張或處於緊迫的環境，就容易形成自發性膀胱炎，出現的臨床症狀會有頻尿、血尿甚至出現尿不出來的情形。因此選擇泌尿道保健食品時，可以選擇市面上含有專利萃取珍貴洛神花花萼的產品，萃取物保存最完整且有效保護膀胱黏膜活性，且研究報告顯示洛神花搭配蔓越莓會有1+1+>2的保護作用，使泌尿道達到雙重保護功效。因為洛神花、蔓越莓富含維生素C，貓咪使用蔓越莓還可讓尿液維持酸性，使尿液中不易形成磷酸胺鎂結晶，而由於蔓越莓口感微酸，會刺激或增加貓咪喝水頻率，幫助促進尿液的生成並加速代謝，進而恢復正常泌尿道功能。當然除了使用保健品之外，也有其他能夠刺激狗狗貓咪喝水的方法，像是夏天的時候可以在水杯放一顆冰塊，毛小孩覺得冰塊好玩，就去玩冰塊順便降暑，或是將保健品加在水裡，讓飲水更有味道，吸引毛小孩喝水。

毛小孩常常因為環境氣溫變化、飲食習慣不佳及食物不耐等因素影響，而伴隨出現腸胃問題，翁醫師表示其實毛小孩胃口不好、容易吐胃酸，大部分原因是飲食習慣不好或是挑食。尤其是狗狗，常常用吞嚥的方式吃東西，造成消化不良而產生胃脹氣、腸胃蠕動異常，形成軟便或便秘及嘔吐胃酸

等問題。此時若是補充益生菌，例如專利嗜酸性乳酸桿菌，幫助調整腸道的細菌叢生態，增加消化道的好菌，這樣不但可以恢復正常腸胃蠕動，也不容易出現脹氣或嘔吐的情形。嗜酸性乳酸桿菌是經過52年專利製程的菌株，且有200篇國際論文支持效果，益生菌的功能可促進多種消化酵素（如蛋白質酵素、脂肪酵素、分解醣類酵素、乳糖酵素等）分泌，增加食慾、幫助消化及維持消化道機能，可以更容易從膳食中獲得維生素及礦物質促進健康，益生菌還可產生維生素B群，促進新陳代謝、增強體力，使精神旺盛，更藉由改變細菌叢生態，使排便順暢。乳酸菌會產生乳酸，讓腸道產生微酸性環境幫助營養素的吸收。另外最重要的一點是添加益生菌的食物——菊糖益生質，大部分產品僅僅添加益生菌，卻未同時給予益菌生，導致好菌的繁殖速度及數量無法達到效果，菊糖益生質主要的功能是提供消化道益菌生長的養分，有助好菌繁殖。

毛小孩的過敏原來源主要歸因於食物及環境兩種。而毛小孩過敏的症狀最常表現在皮膚的刺激、搔癢和發炎反應，嚴重會有掉毛、斑疹或丘疹、大量分泌油脂、脫皮等不適反應，也有部分的毛小孩亦會出現呼吸道症狀如哮喘、過敏性鼻炎等。台灣的空氣、溫度及濕度適合細菌跟黴菌的繁殖，所以在台灣的狗狗及貓咪最常發生的疾病就是皮膚病，如果沒有同時控制過敏的問題，抑制皮膚發炎的程度，往往會越來越嚴重。剛開始可能只是皮膚紅腫及搔癢，等皮膚抓傷之後就會導致二次性細菌感染或黴菌感染，往往就需要花更多的費用在治療細菌性或黴菌性皮膚炎。倘若能提早預防皮膚發炎，那就可以減少看醫生的次數及金錢。儘早使用抗過敏原保健食品不外乎是一個聰明的選擇，選擇添加專利植物乳酸菌的益生菌，並添加米蕈多醣體及二氫槲皮素來降低過敏反應抑制皮膚發炎，刺激細胞分泌細胞激素來調節免疫平衡，進而緩解過敏反應症狀，減少不適。

根據目前的調查，15歲以下小孩的人口數與飼養毛小孩的數量已經呈現黃金交叉，也就是說飼養毛小孩比生小孩的家庭來得更多，而且將毛小孩比照小孩子的規格養育，對於毛小孩食、衣、住、行的照顧與小孩子幾乎沒有差異。

不管是大型犬、小型犬及貓咪，另一個會被提及的健康議題就是關節保健。這是因為毛小孩的關節退行性變化比人類的變化程度來得快，且這些毛小孩原來可能就會有先天性膝蓋骨發育不良或遺傳性軟骨發育不全的關節問題。根據研究統計，超過2歲的狗狗大約有兩成，超過12歲的貓咪則約九成會出現關節炎的病症。近年來新興的保健成分就是前陣子很夯的日本雞冠玻尿酸，這成分存在於關節、皮膚及眼睛中，具有高度親水性及保水度，實驗證實能改善關節活力、強化關節。因此毛小孩可以從小開始給予這一類的保健品，尤其是臘腸狗、柯基、小型犬或摺耳貓。小型犬可能因為先天膝蓋骨發育不良，容易出現膝蓋脫位而跛行，摺耳貓則會因為軟骨發育不全造成關節疼痛及僵硬，而臘腸狗則因為身軀較長且體重過重，導致身形圓圓胖胖，好像一根臘腸插著四根竹籤的體態，導致腰椎承受過重的壓力，最後出現椎間盤突出或是鈣化，進而引發後肢癱瘓或麻痺。因此選擇添加優質的雞冠玻尿酸關節保護成分，可以讓關節潤滑度增加及刺激軟骨生成，進而達到快速修護的效果。適當地補充這類營養品，可以維持關節正常活動且延緩發生退化性關節炎，就像我們人類會未雨綢繆使用玻尿酸、葡萄糖胺
保養自己的關節一樣。對於喜歡跳來跳去的毛小孩
所造成的關節耗損，就應該從小開始，這是刻不容
的，呼籲大家「自己的毛孩自己救」，飼主多學飼養
識一定對寶貝有益處的。

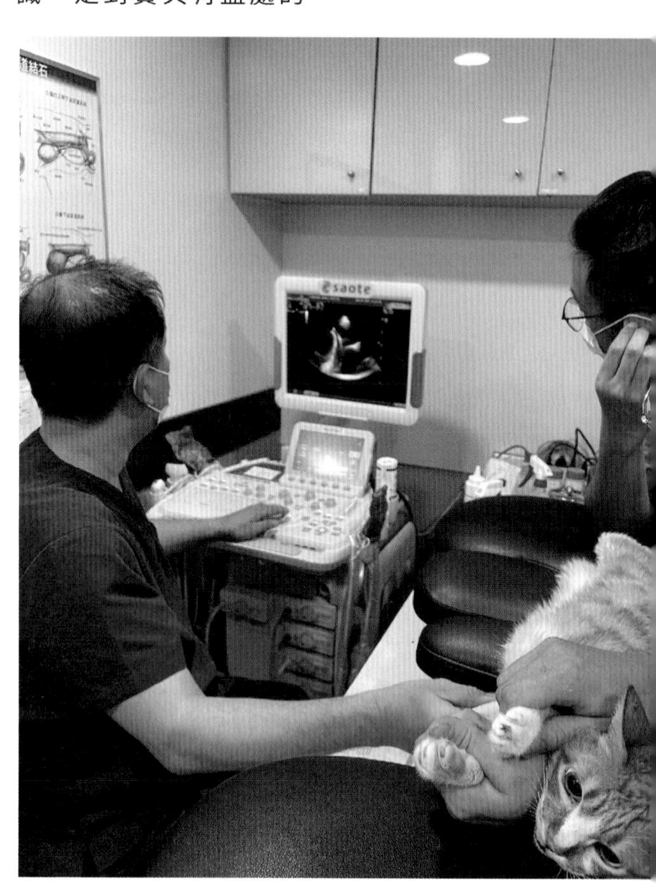

翁浚岳（伯源）獸醫師小檔案

- 台灣大學獸醫系學士
- 中興大學臨床獸醫碩士
- 劍橋動物醫院院長
- 台灣貓科醫學會理事長
- 中華民國獸醫內科醫學會榮譽理事長
- 中華民國獸醫師公會全國聯合會副秘書長
- 亞洲大學學士後獸醫系兼任教授
- 第41屆全國獸醫師大會傑出貢獻獎
- 2018年財團法人李崇道博士基金會台灣獸醫臨床獸醫菁英獎
- 2013-2015年中國農業大學(教學)動物醫院客座講師

照顧毛孩最重要的是「心」

劉哲宏獸醫師的一句強心話

採訪／吳錦珠

毛小孩與人一樣會生病，因為無法溝通，照顧起來更是費力，劉哲宏醫師分享照顧毛小孩的經驗，以及飼主的心境，提醒大家平時做好醫療照護，才是重要關鍵！

目前劉哲宏合作三家獸醫院，同時在業界也是相當活躍，是台北市獸醫師公會理事、中華民國獸醫內科醫學會理事、台灣貓科醫學會常務理事，即使行醫多年，依然希望盡力為毛小孩多做一些服務、多做一些醫療，可以永保健康還有延長壽命。

劉醫師在小學六年級，因為一隻貓在他眼前車禍當場死亡，讓他萌生了往後醫治動物的決定，大學就進了中興獸醫。但社會大眾對獸醫有一些誤解，劉哲宏獸醫師表示：「快畢業的時候，有一則新聞說獸醫月薪上看50萬，同學看到後都笑了，其實獸醫本身的薪水沒有大家想像的那樣高，獸醫大概要念五到六年，畢業之後參加獸醫師的專技高考，考上之後才能到醫院工作，起薪現在反而比較高，北部起薪平均有四萬多、南部就三萬多，如果升到主治醫師的話平均的月薪就可能再拉高，真的不是外界所想的獸醫有多賺。」

想成為獸醫師，心理素質要非常強，國外有報告顯示，獸醫平均的自殺率是一般人的三倍，其實各行各業都有壓力，但是必須坦白說獸醫跟人醫其實是一樣的，都是面對一個生命的壓力，譬如台灣來說，因為動物沒有健保，但礙於主人經費不足的關係，可能就選擇放棄。

劉醫師與我們分享實際案例：「當時是一個急症，但只要願意做治療，成功率超過90%以上，我講解完之後，主人問我總共要多少錢？我告知他手術檢查加住院差不多要2萬元左右，主人就回答那就讓寵物安樂死。更有聽過類似的狀況，主人簽放棄治療，最後由獸醫師將毛孩救下來自己養。」

劉醫師表示獸醫師不是一個慈善事業，不可能每一隻狗都救，因此無形中的壓力就會很大。尤其是急診壓力更大，通常來急診的大概有四五成都是急重症，如果不處理可能就再見了，所以碰到的生離死別會比一般的動物醫院更多。因此經營24小時服務的急診動物醫院並不是很好賺，而是專注在一個服務，大部分的獸醫院營業時間是早上十點到晚上九點，尤其台北生活忙碌，其實人們回到家可能已經八九點了，回到家看到狗狗或貓貓突然有狀況但找不到醫院處理，所以急診動物醫院的存在就是這樣來的。

一般診所常見的症狀並不一定會危及生命，可能是腸胃道的一個狀況，但大部分可能有六七成就是我們所謂的吃壞肚子，稍微給予藥物治療與飲食控制，或是稍微斷食休息通常都會好，但這不是正統的做法，畢竟毛小孩不會說話，稍有不慎可能就換來終生的遺憾。

再來就是所謂的過敏，大家會覺得過敏就是腫或是癢，但那只是過敏的其中一種，例如有一種過敏原會腫在喉頭，因為壓迫造成喘不過氣，遇到這種緊急狀況有可能要插管維持牠的呼吸道順暢。比較常見的就是毛孩心臟病的問題，心臟病其實是一種慢性病，但是其實不論是在人或狗上面我們會發現，都有所謂的猝死，但在狗狗貓貓身上常看到的是心臟衰竭造成的肺水腫，肺裡面有水會造成喘不過氣，坦白說，肺積水的死亡率也很高，變成是分秒必爭，需要做非常多的處理，包括給予藥物、給氧氣的部分。

劉醫師分享一些常識，讓飼主提早去辨識及預防心臟病或是肺積水，第一點建議是先從保健營養品開始，挑選保養品的部分建議洽詢專屬的獸醫師，第二點最大的重點是，固定做身體健康檢查，因為一開始很多的疾病並沒有太大的徵兆。

簡單教大家判斷毛孩是否有心臟病，可以藉由觀察毛孩平常睡覺是怎麼呼吸的。假設毛小孩每天在睡覺的時候都是1分鐘呼吸20下，突然有一天1分鐘5、60下就代表呼吸的時候可能很不舒服，或是舌頭跟牙齦的部分發白發紫就有可能缺氧，或是呈現犬座樣，後腿坐著前腳站直直，看到牠們這樣打瞌睡，飼主就要有警覺，有可能因為牠們趴著的時候會壓迫，基於以上種種種跡象就是要到獸醫院去，當然有可能是自己嚇自己，但寧可來這邊浪費錢甚至白跑一趟，也不要因為一時疏忽而釀成大錯。

另外宣導一下，飼養毛小孩就要營造一個天然無毒環境來照顧你的毛孩子，尤其是家裡不要噴一些化學藥品，例如蟑螂藥、殺蟲劑，其中一個叫做除蟲菊精的東西更要避免，這對貓來說是非常強的毒藥，如果是體外驅蟲藥，有添加除蟲菊精都會明文表示，但真的給貓咪使用，是有可能會致命或是全身發抖抽筋。所以毛孩飼主不要只是花費金錢在飼料及保養品，更應該花一點時間營造好的生活環境、增加養毛孩的知識，以及一些生離死別的準備，因為毛孩跟主人彼此間不只是飼養而已，還有著情緒上的各種牽連，更是心靈上的寄托。

其實養寵物前要先想好，不要認為想養就養，因為養寵物是一件很貴的事情，除了每個月的吃喝飲食之外，醫療費甚至旅遊玩耍等費用，其實也是一筆

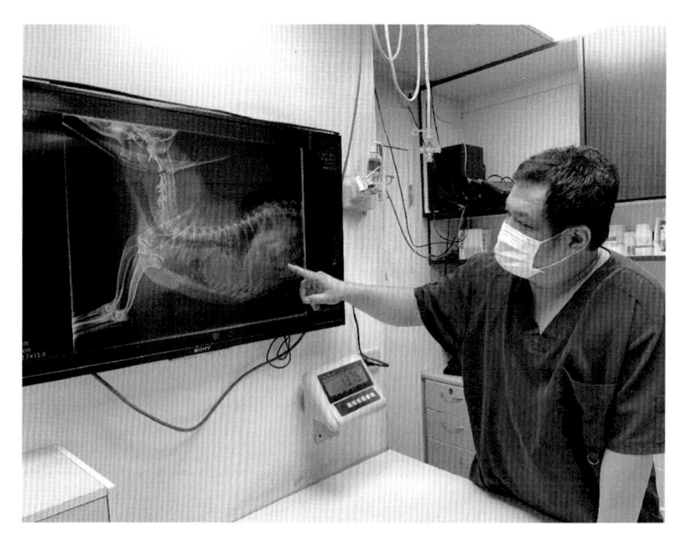

開銷，尤其若遇到毛孩有重大疾病的時候，費用更超乎想像，還考慮未來是否有長照的需要。因此養毛孩等於跟養人沒有太大差別，別因為一時覺得可愛或是永遠不會生病的天真想像，造成以後的負擔而出現棄養或棄救的問題。

劉醫師說：「身為獸醫師我強力建議飼主要養成定期為毛孩做健康檢查的習慣，讓毛孩在1-2歲的時候做基本的健康檢查，6-7歲的時候每年開始做深度檢查一次，同時，希望飼主若要養毛小孩，就要了解牠，該有的養寵知識都必須要去學習與持續成長，這才算是負責的飼主。」

劉哲宏獸醫師小檔案

- 沐沐鼠兔鳥爬專科動物醫院院長
- 中日動物醫院急診部主任
- 集英動物醫院主治醫師
- 中華民國獸醫內科醫學會理事
- 台灣貓科醫學會常務理事
- 台北市獸醫師公會理事
- 商周票選百大寵物醫生

寵物營養怎麼學 劉家安食品技師教你挑飼料

從古至今，毛孩一直是陪伴人類的好夥伴，但是毛孩的陪伴方式隨著時代進步而不斷改變，這點從毛孩的名稱也能略知一二喔！

在早期沒有智慧手機、網路的務農時代，當時沒有監視攝影機或是警報系統，但是又怕遭小偷該怎麼辦呢？於是人們就想到養狗來看家，當時狗狗的名稱是「看門狗」，接著人們發現貓狗不但忠心又可愛，於是逐漸讓貓狗走進家中，於是名稱又變成「伴侶動物」，再到了近幾年，各種生活壓力的增加、晚婚、疫情等現象產生，人與人的連結逐漸減少、生育率下降，但貓狗依然不離不棄地陪伴著我們，這時我們才發現，原來貓狗早已成為我們的心頭肉，於是「毛孩」成為了貓狗最新的名稱。

毛孩的重要程度也反應在大數據上，根據台灣2021年度統計，台灣新生兒每3.4分鐘出生一位；但毛小孩則是以每2.4分鐘一隻的速度成為家庭成員，足以證明毛小孩在家庭中不可或缺的地位，這點同樣反應在商機方面，全球的寵物市場規模未來粗估可達六兆，因此毛孩食衣住行等各方面的照顧，儼然已成為未來市場的顯學。

那麼毛孩每天面對的「吃」要如何選擇呢？讓寵物營養顧問劉家安替你來解答！過去劉家安是服務於人類食品廠的食品技師，工作內容包含開立配方、商品設計、產線管理、檢驗分析等，並且需要協助工廠落實HACCP與ISO認證工作，當時因緣際會領養一隻小貓咪後，他順手查閱了一下資料，意外發現人類食用的食品都有各項嚴格把關和認證，但是毛孩的食品卻十分不完整，人類食品的一個添加物就有好幾十頁的詳細規範，但是到了毛孩這裡卻只有短短2-3頁，這個發現奠定了他在未來決定要跨入寵物這個領域的基礎，為了毛孩的飲食而努力。

營養和治療最大的差異在哪裡？

醫生的主要職責是治療，透過開藥、手術來針對身體病痛進行治療；而營養師則偏向持續性保養，根據不同體質與健康狀況來調控食譜的營養比例，最終設計出最合適的菜單，兩者各有其重要性，在人類的醫院也常常能看到臨床營養師與醫師的分工合作。

雖然寵物還沒有像人一樣這麼明確，但是食物與營養對於毛孩健康當然也有長遠的影響，但是毛孩不像我們有選擇權，他們只能仰賴身為飼主的我們替牠們做選擇，因此唯有自己深入了解毛孩體質與相關知識，才能替牠們的健康把關、選擇更適合牠們的飲食。

剝殼計畫，專注毛孩飲食與營養

到底毛孩吃什麼比較好？這個問題在網路可能有成千上萬種說法，但是建議大家將焦點先拉回來一些，從界門綱目科屬種的分類來說，毛孩與我們都同屬哺乳綱，但接著貓狗就會被分入食肉目的「犬科」及「貓科」，因此他們的生理構造與我們存在相似之處，但也有很多代謝上的差異。舉凡大家都聽

劉家安小檔案

食品科學證照

- 生產與作業管理技術師證照
- 乙級食品檢驗分析技術士
- 高考食品技師
- 保健食品初級工程師能力鑑定
- 經濟部初級食品品保工程師
- 人類食品預防性控制PCQI證照
- HACCP食品安全與管制系統60A、60B
- 食療養生諮詢師

貓狗營養證照

- 香港寵物食品分析師
- 香港犬隻營養證照
- 香港貓隻營養證照
- 香港寵物營養顧問
- 日本APNA二級食育士
- 實踐大學寵物職能專業認證
- 台灣寵物保健食品協會寵物營養師

過的巧克力與蔥蒜類食物，巧克力含有可可鹼和咖啡因，貓狗誤食容易出現上吐下瀉、抽搐、心跳加快等症狀，蔥蒜類食物則含有硫化物，也會引發上吐下瀉、發燒等症狀，嚴重時會引起腎衰竭甚至死亡。過去也經常有一些卡通或是漫畫會誤導飼主，讓人誤以為狗狗最喜歡吃骨頭，但事實是骨頭的碎片可能會刺穿牠們的胃壁，進而引起內出血或是胃穿孔等嚴重問題。

雖說這些資訊在劉家安看來應該是常識，但還是有很多飼主依然不夠了解，更遑論鈣磷比、乾物重、必須脂肪酸等更深入的知識，而這就是「剝殼計畫」努力的目標，透過文章、影片、課程的努力，不斷將寵物營養、食品資訊分享給飼主，讓飼主能進一步提供更適合毛小孩的食物，由於這是一道沒有標準答案的練習題，唯有透過不斷地學習與充實自我，才能越做越好。

如何挑飼料？

由於飼料依然是目前最普遍的寵物食品，因此文章的最後就教大家一些正確挑選飼料的觀念。一般飼主在談到挑選飼料的時候，常常都會從「哪款飼料比較好」開始考慮起，其實應該要反過來先從「自家毛小孩的狀態」開始考慮才對，這是什麼意思呢？

1. 年紀

首先要注意到的就是「年齡」的標示，以貓咪為例，會分成幼貓、成貓、懷孕哺乳貓、熟齡貓等不同的年齡層，這些標示並不是隨意亂標的，因為在不同的成長階段中需要的營養素需求也不同，以一般成貓當作

劉家安食品技師為了毛孩的飲食而努力不懈

剝殼計畫透過文章、影片、課程將資訊分享給飼主

標準來說，幼貓和懷孕哺乳貓的營養就有很大的不同：以幼貓為例，由於肌肉和內臟處在生長發育的重要階段，幼貓的最低蛋白質攝取量就要比成貓多出1.25倍，同樣的骨骼也在發育，所以鈣與磷最低攝取量是成貓的2倍多；再以懷孕哺乳貓為例，由於需要營養來製造奶水，所以懷孕哺乳貓的最低蛋白質攝取量約是成貓的1.5倍，鈣與磷最低攝取量是成貓的3.5倍多，另外令人驚訝的是，鈉的最低需求則是比成貓高出了快4倍之多。從以上兩個例子就可以知道，不同年齡對於營養素的需求是完全不同的，如果挑選時沒有按照自家毛小孩的需求來挑選，就算一款飼料的食材再高級也是枉然。

2. 生活型態

除了年齡之外，貓咪狗狗的生活型態也是家長們挑選飼料的一大重點，例如同樣都是狗狗，有些狗狗就是天生好動、活潑，一帶出門就充滿活力、衝來衝去，如果毛孩家長也經常帶著牠到處趴趴走的話，那麼為了補充這些肌肉組織的消耗，蛋白質的比例可能就需要提高一點。又比如有些貓咪天生就非常安靜、不喜歡走動，這時候可能就要挑選熱量比較低的飼料，避免吃得多、動得少，最後發胖而影響健康。

3. 疾病

接著就是疾病，當貓咪狗狗生病時，首先要尋求專業醫師的診斷來掌握病情，確認病情的嚴重程度，除了服藥控制病情之外，醫師也會根據疾病種類，來決定要給予什麼樣的「處方飼料」加以輔助治療。當病症到了末期才被發現，或是持續不斷惡化的時候，處方飼料可能就是一個必要的手段了，這類的飼料經過水解、配方調整等製作手法，將營養素的比例與結構調整為對應特定疾病，來幫助疾病能夠趨於穩定。

寵物SPA奢華嗎？

SPA專家高淑惠專訪

什麼是你認知的寵物SPA？是貴婦人的消遣活動？是單純好看、飼主自己懶得動手幫寵物洗澡延伸的產業？還是寵物一年上兆商機其中的環節？如果你是看到這篇文章的人，請拿橡皮擦將這些觀點從你的腦海中抹去部分謬誤！讓我們跟著優里寵物健康SPA品牌總監高淑惠，一起來揭開寵物SPA的神秘面紗。

寵物美容的起源，皇室消遣變成健康保健的關鍵

高淑惠認為關於寵物美容真正的起源已不可考，但若要說到開始帶動寵物美容流行的時期，可追溯到法國路易十四的年代，為了避免貴族叛變，便邀請他們進駐凡爾賽宮，法國王公貴族從此過上奢靡生活。生活閒逸的貴族們，開始打扮寵物，逐漸帶起寵物美容的旋風。對他們來說，寵物就如同他們給外人的形象，到了路易十六的年代，更是將貴賓犬定為國犬，相傳就有美容店看上這股商機，特別從葡萄牙和西班牙找來寵物美容師，隨後普及到普羅大眾，成為一股風潮。

很多國家都稱呼從事寵物美容的工作者為Groomer，「Groom」原本的意思是對於馬匹的照顧或修剪，意為「保持清潔以預防疾病，使其更能展現美麗之姿」，而後來也用在寵物的身上，所以對寵物進行沐浴保養美容的整個流程就稱之為Grooming。發展至今，也呼應了飼主對寵物進行美容保養最初的期望是與健康息息相關。

現代人少子化與生活忙碌，寵物逐漸成為一種感情慰藉與寄託，於是寵物成為「親人」，自然也希望讓牠享有更好、更優質的生活。隨著科技發達，許多的專家開始研究寵物皮膚的特性，研發各種沐浴保健設備，例如常見的超音波水療或奈米SPA等等，成為輔助美容師對於寵物進行進一步護理的最佳方法，也讓飼主有更多的選擇，提高寵物的生活品質。

三十年磨一劍，創造獨一無二的寵愛

由高淑惠成立的優里寵物健康SPA館，從寵物百貨起家，經歷30年的歲月，從飼主對於寵物還是看門犬的時代，到現在成為毛小孩的年代。優里寵物健康SPA兜兜轉轉15年的時間，和上百位飼主對話，了解對於主人來說，寵物就像是家人一般的存在。優里意識到飼主們對於寵物照顧的需求是多面向的，寵物美容不應該是「附加服務」，而是一項「專屬服務」。面對這個新興產業，高淑惠也坦言壓力不小，捨棄百貨店的做法，放棄大面積的商品陳列，將80%的面積規劃成美容服務區，無疑對於當時仰賴百貨收入的寵物店主流經營型態來說，是一件不可思議的事。但是高淑惠的思考是，寵物服務是一個高度仰賴與客戶互動的行業，透過深度的溝通了解寵物的情況與飼主的需求，在服務的提供上，是可以有寬度及有深度的發展。況且在當時，高淑惠就意識寵物商品買賣發展到後來，必定會面臨到競爭與銷售渠道上的改變。而最終促使高淑惠成立優里寵物健康SPA館的關鍵，是因其過去寵物量販百貨的服務經驗，礙於品牌定位，客戶都期待美容價格便宜，但當寵物美容照護的技術不斷優化，成本也是相對增加，若

是繼續依據過去的定價策略，也無法提供更好的照顧方式來符合寵物的需求及飼主的期待。所以「優里寵物健康SPA館」因此誕生！對於品牌的定位——「安心託付的第一品牌」，高淑惠從寵物的健康需求出發，並體悟飼主將心愛的毛孩交托到寵物店的所有擔憂，從設計及規劃服務細節，到對每一位工作人員的訓練，務必達到讓飼主安心交托的最終目的。

高淑惠說，「如同我們的品牌英文名稱『Unique』（獨特），對我們而言，每位毛小孩都是獨一無二的，皆是獨立個體，有著不同的需求及帶著每一位飼主的期待，只有認真及用心的對待，才能真正理解他們的需要，毛孩也會回饋給寵愛牠的飼主及美容師，這也正是我們能得到大眾選擇的最大主因，透過我們所提供的服務流程，飼主除了更加安心以外，也能更進一步了解自己的毛小孩，同時提升飼主、毛孩與優里三方的親密關係。」

低調溫馨顯平靜，美容師選擇顯真心

當大眾進到「優里寵物健康SPA館」，第一個想法都是：「好溫馨喔！好像回到家的感覺。」這正是優里想要傳達給大家的想法。「優里寵物健康SPA館」最初在店面設計時，便選用Tiffany藍搭配木作顏色為基底，主要想傳達的是乾淨與清新的感受，就如同寵物做完SPA後，飼主所期待的結果一樣。承襲前述概念結合店面內部物件擺設，特意將商品縮減到20%以內，沒有過度的壓迫感，清新、舒適是讓飼主們喜歡前來的原因，畢竟寵物可以感受到主人的感受，當飼主過於煩躁，毛小孩們也會跟著焦慮。

除了環境維持溫馨乾淨外，優里對於美容師的選擇更是有其獨特的見解，對於選人有一套看似簡單卻也不簡單的理論。面對店面快速擴張，高淑惠意識到人才是根本；人才是毛小孩能夠放心的「加分」要素。她對美容師的第一個要求是要有養寵物，許多人一定會覺得這根本是廢話，但高淑惠進一步表達，唯有自己也是飼主的美容師，才會懂得寵物要什麼，飼主的感受是什麼，而多一分細心與責任心。

其次，美容師要懂得「保護自己就是保護毛小孩」的觀念，毛小孩也是有自己的情緒，尤其寵物美容師看似工作優雅，但其實有很多潛在工作風險。與毛小孩愈密集互動，愈能理解毛小孩，美容師才能保護毛小孩與自己，即時給予適當的稱讚，讓牠們卸下武裝與心防，進而免於自己受傷或毛小孩受傷，簡單說就是從心出發！

第三，就是責任心，技術可以精進，但是對寵物的愛與責任心要如何建立與加強，對於經營也是一項考驗。高淑惠認為除了企業文化的建立、持續維持教育環境，還必須要有美容師個人所具備的條件，即耐心和理解，讓飼主願意將所珍視的毛小孩交給優里來照顧。優里賣的不是推銷，賣的是真心誠意的資訊交換，鑒於台灣天氣較為潮濕，基本上一周就要進行一次護理，在這短短時間內精準抓到毛孩與飼主的需求，就是優里最大的服務。

最後，希望大家若要養寵物，千萬不要拋棄牠們，對你來說牠是寵物，對牠來說你是全世界，當決定要養牠的時候，我們就要做好照顧牠一輩子的準備！牠能夠跟你心靈相通，牠從來不想帶給你煩惱，這也是毛孩對飼主愛的表現。就算受到疫情衝擊，你可以降低開支，但千萬不要犧牲了你對毛孩的愛。

高淑惠小檔案

- 優里寵物健康SPA館美容總監
- PIDA台灣寵物發展協會職能課程規劃開發
- CPFAA寵物食品及用品商業同業公會理事
- TGA台灣區寵物美容協會認證美容師教師級
- KCT台灣畜犬協會認證美容師A級
- 曾受邀授課/演講單位：台灣省勞動部勞動力發展署職業訓練課程、臺北市職能發展學院、東南科技大學、上海亞洲寵物展寵物論壇

寵物公園好管家

寵物美容師姵蓁為美大進擊

近年來，飼主們越來越捨得花錢在毛小孩身上，甚至將寵物當成小孩在飼養，安親班課程、托嬰，各種寵物玩具、寵物保健產品紛紛出籠，還發展出幾乎每月一次的寵物展。根據主計處統計，寵物職缺近五年來增長37%的需求量，營收逐年增長兩百億。而其中，若是講到寵物用品店或美容店，就會想到「寵物公園」這個全國連鎖的知名大品牌。

有關寵物照護的議題時常聽說會產生潛在風險，試想毛孩無法用我們熟悉的語言來溝通，好比一位外國人僅能用肢體與你進行協調，那會發生什麼事呢？況且寵物也無法跟你比手畫腳，只能用各式情緒和大動作表態，此舉也就時常造成照護者受傷或不小心誤傷毛孩。導致這份工作即便平均薪資落在4~7萬，優於其他產業，卻仍有不少該職業人員受不了環境，半年後就選擇轉職。

寵物商機無限大，購物好便捷

隨著寵物市場的擴充，寵物百貨也隨之興盛，許多飼主都不陌生的大品牌，主打「您的全方位寵物管家」的「寵物公園」，近年來也鎖定忙碌的飼主推出宅配到府、托嬰、寵物美容服務等等。

從各式玩具到雞肉甜甜圈、鱈魚香絲等擬人化商品，再到洗劑、保養劑及寵物皮毛調理、益生菌等保健品，多樣選擇還能依照季節不同去搭配適合毛孩的商品，最棒的是，只要選擇你想要的商品，寵物公園還能幫你配送到府！無法到場的飼主們則能透過網路下單，一樣能夠快速又便捷地宅配到府。

實地走訪寵物公園，你會被琳琅滿目的商品所吸引。這時候有選擇障礙的飼主就會提出疑問，我該怎麼選呢？接著用自己的第一印象進行選擇，但這真的是對的嗎？愛貓鏟屎官不可或缺的貓砂，你知道該怎麼挑選嗎？這方面「寵物公園」很貼心地將懶人包貼在牆上供你快速參考。

員工們更是各個訓練有素，店員就舉例說明：「很多人都會問我，罐頭分成許多種類，有主食、副食，差別在哪？這時候我們要快速地為傷腦筋的飼主提供最有效的判別，主食就是跟飼料成分相同，擁有許多寵物所需的物質在內，包含油脂、鈣質、糖分、水分……等；而副食就跟點心一樣，以原肉為主，就跟人類吃點心的道理一樣，你不會只把水煮蛋當成主餐」。只要飼主想要了解的疑難雜症，他們都能為你解答。以下訪問寵物美容師姵蓁:

寵物美容貓狗大不同，屬於美容師不能說的秘密

Q 美容師最需要具備什麼條件？

A 很多人都會認為，耗時4-6個月上課取得基礎美容師證照，就能完美上手美容師一職，但這只是入門的小門檻，取得執照的美容師也僅能做簡單洗護，唯有經過2~3年學習各式犬種、貓咪毛質不同，適合做什麼造型等；以及遇到任何突發狀況時，該如何應對，才能真的稱得上寵物美容師。

還有，寵物美容師要超級有愛心和耐心，你試著把寵物當成不會說話的小朋友，牠們只能用吼叫來溝通，牠們都有小脾氣。這時候你要邊工作，還要邊安撫旁邊的小孩及因不清楚狀況而關切的飼主，真的非常損耗專注力和體力，尤其是環境非常吵雜，不太可能只有一兩隻毛小孩，很多喜愛小動物的人都嚮往這個行業，但往往半年就不堪負荷，黯然退場。

Q 上述有提到要顧及毛孩情緒，才有辦法擔任一個出色的美容師，那該如何安撫呢？有沒有幾招小撇步可供飼主參考？

A 毛小孩會焦慮，最基本不外乎是跟主人分離時產生的不安感，這時候美容師就要輕輕地安撫並且對牠進行誇獎，讓牠的情緒平復，並且試著在美容過程中尋找牠最可以接受的姿勢進行作業。畢竟在牠們眼中，你跟巨人一樣，你要試著卸下牠對環境的不適，才有機會順利進行美容。還有其實美容師

都是很專業的，請各位毛孩家長們不要過度擔心，因為你的緊張情緒其實也會渲染給毛小孩，應該給予美容師信任。還有一點我要特別提出，很多家長都認為美容師都不怕貓狗，所以就應該不怕咬……我們有血有肉，我們也是怕受傷的，若家中毛小孩有攻擊行為，請各位家長們如實告知，好讓我們有充裕的準備進行保護措施。

Q 寵物護理有固定的保養程序嗎？有沒有要特別留意的地方？我可以用人類的洗劑洗毛孩嗎？

A 我分成兩段說明好了，最簡單的步驟依序是清潔>養護>基礎>整毛>理毛。如果要深入步驟，最基本洗澡就需要經過兩道洗劑清潔，由於人體表皮層約10-15層，狗狗的約3-5層，較薄，所以毛孩對於洗劑殘留反應也會較大，因此千萬不要用人類的洗劑去清潔毛孩。人類的沐浴乳一般是弱酸性5.5；但毛孩的是中性7.5，長期用人類沐浴乳，會發生脫毛和皮膚病的病變。其次就是擠肛門腺、剪指甲、清潔耳朵、腳底屁股修毛……等的徹底清潔。接著，也是最重要的步驟，跟人類洗澡後擦保養品一樣的道理，寵物洗淨後也需要護膚程序，防止皮膚因清潔後沒有保護力，發生乾癢狀況。飼主也可以購入一些日常照顧的皮膚保健食品，供寵物使用。

Q 貓狗美容有哪裡不同？要注意什麼事項嗎？

A 其實很多飼主在家都會把狗和貓放在一起養，但是在我們這邊卻是要區隔開的，某方面來說，他們還是不同的動物，尤其貓咪進到陌生環境，環境適應的挑戰會比狗還要大，因此我們都會特別將空間隔開，避免貓咪聞到狗狗的氣味而產生焦慮與躁動感。如果貓咪跳來跳去，那可是比狗狗還累人的事情，尤其牠們喜歡往高處跑。其實不僅空間會隔開，我們連同使用的器具都會分開，畢竟動物的嗅覺是很靈敏的。

最後，姵蓁也希望提醒各位飼主，「其實你們不用過度擔心，照護師都會時刻關心寄放寵物的狀況，甚至會依照公母分別帶開照顧，事前也會和飼主們了解寵物性情，並且拍照給飼主看，店內也有監視器能即時觀看，完全是比照兒童托嬰模式。人寵已經不分，你有多愛牠，我們就有多愛牠，這是我這13年的經驗，也是成為專業美容師最基本的素質。」

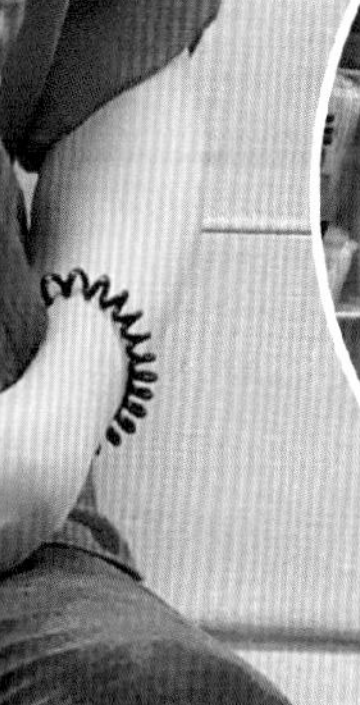

為了修出最美的模樣，
甚至都站到椅子和桌子上去了！

正在安撫毛孩消除牠的緊張

給來不及陪伴您一生的牠
北新莊寵物安樂園
呂國文愛屋及烏

北新莊寵物安樂園環境清幽，適合寵物的最後歸宿

得永生

採訪／王鼎琪、吳錦珠　撰文／吳錦珠

遠眺青山繚繞飄渺，放眼望去是重重疊疊、連綿不斷的山峰，雲霧纏繞水色山光，深山密林高聳入雲，山明幽谷美不勝收。站在全台最大寵物殯葬、處理毛小孩身後事超過數十載的北新莊觀光休閒寵物安樂園區，放眼望去的美景盡是：千山一碧千姿百態，煙波浩渺千山萬壑。

如詩如畫人間仙境

「我特別選擇在這山光明媚、風景優美、如詩如畫、人間仙境的地方，建造全台最大北新莊觀光休閒寵物安樂園區，就是要讓給來不及陪伴您一生的寵物們得永生。」北新莊寵物安樂園創辦人呂國文娓娓道來自己愛屋及烏的寵物故事。

呂國文是北新莊寵物安樂園的創辦人、中華民國殯葬業服務協會理事長，他回憶道：西元2000年初，因需要出國一段時間，將自己的寶貝狼犬小珍，託付給管理員照顧，就在他出國的第二天，小珍不幸往生了！面對突如其來的噩耗，管理員不知該如何處理小珍的遺體。只能依照民間人士的做法，「死貓掛樹頭，死狗放水流」，將小珍的遺體丟到新生高架橋下……

「我回國之後，一聽到這個消息，心裡的傷痛是無法言喻的！難道我們的寵物死後，只能用這樣粗糙且不人道的方式處理嗎？」心裡不免有遺憾的呂國文在悲傷愛犬小珍不得善終之餘，秉持著愛屋及烏、悲天憫人的胸懷，四處走訪打聽，才得知有寵物安樂園可以幫飼主處理寵物遺體。

他強調，相信每位飼主都對自己的寵物百般寵愛，若在寵物不幸身亡後，沒能提供一個好的安置居所，心裡的不捨跟遺憾，總是久久無法釋懷。所以他決定創辦完善的寵物安樂園，讓更多人的寶貝寵物，能在離開世上後移居到有尊嚴、有妥善安置的好地方，有個好塔位居住。當飼主想念牠時，隨時都可以來北新莊寵物安樂園，探望他們已在天上的寶貝們。

呂國文先生熱愛生命，樂善好施，提攜後進

歿者安、生者樂的服務目標

呂國文表示：「寵物陪伴您身邊的時間不論長短，人們都將牠視為家中的一份子，在最終的旅途上，為牠盡最後的責任，請您將這份責任交給我們北新莊。」北新莊寵物安樂園，設有優雅現代化的納骨塔，寬敞明亮的開放空間，舒適恬靜，願給您的寶貝寵物，提供最美好的安息場所。

北新莊緊鄰淡水市區，是全國最大、硬體設備最齊全、交通最便利的寵物安息地，擁有最專業的優質團隊人員，提供飼主溫馨且全方位的服務。對往生的寵物，秉持著尊重的態度，以達「歿者安、生者樂」的服務目標。

中華民國寵物殯葬服務協會，是新北市寵物殯葬業中第一個成立寵物登記站，以落實死亡除戶，讓寵物登記資料更符合事實。火化、除戶一次完成，也與新北市動物保護防疫處合作，針對有植入晶片之毛小孩往生後，協助辦理除戶事宜。

（圖片來源：pixabay.com）

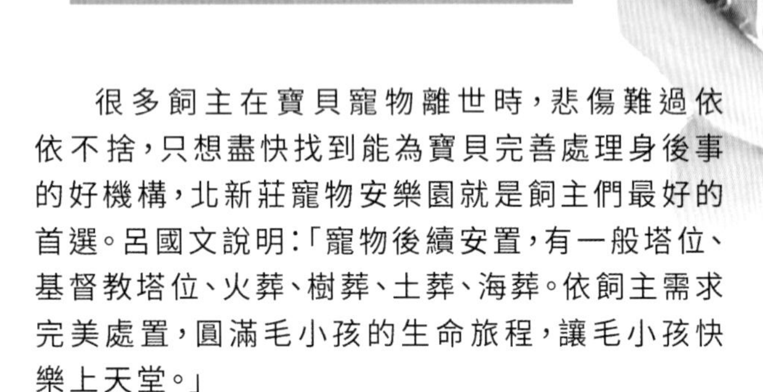

呂國文先生胼手胝足創立北新莊寵物安樂園，也是寵物殯葬服務協會的理事長，其背後的字畫內容十分貼切地形容整個園區以及道盡呂先生的心聲，而藏頭詩更是神來一筆，是很珍貴的賀禮。

很多飼主在寶貝寵物離世時，悲傷難過依依不捨，只想盡快找到能為寶貝完善處理身後事的好機構，北新莊寵物安樂園就是飼主們最好的首選。呂國文說明：「寵物後續安置，有一般塔位、基督教塔位、火葬、樹葬、土葬、海葬。依飼主需求完美處置，圓滿毛小孩的生命旅程，讓毛小孩快樂上天堂。」

他進一步表示：「寵物火化服務，有集體火化、個別火化，使用無菸無味環保焚化爐。集體火化服務，前往醫院或住家接體，冰存遺體，統一祭拜、火化。集體海葬服務，當天接統一隔天早上進行火化，每月10日、20日、30日統一集體海葬。」

「個別火化服務，前往醫院或住家接體，冰存遺體，統一祭拜、火化、撿骨、入納骨塔。以上過程由服務人員全程陪同，提供冰存設備，以供飼主擇日火化，免費冰存期為7天。火化當天觀禮的家屬，備有專車至輕軌淡金北新站接駁。」

生者慰逝者歡，無牽無罣

北新莊寵物安樂園內，布置溫馨舒適，為讓飼主能夠懷念毛小孩，塔位設有可存放紀念品的位置，一眼望去琳瑯滿目，各式可愛吊飾，點綴多采多姿，增添安樂園區的溫暖，降低肅穆的氣氛。

呂國文強調：「北新莊寵物安樂園，完全擬人化，為讓飼主心安，在七七四十九天重要的日子裡，為您心愛的寶貝立『超渡蓮位』，使之早日往生極樂世界。並提供佛力加持超薦蓮花座，可為您的寶貝於三寶佛旁立『往生蓮位』，早晚接受佛力加持使其早日修得正果。」

超渡法會年年舉辦，每年清明、中元節，會為在安樂園裡的寶貝們，舉辦大型超渡法會。讓牠們超渡，希望毛小孩們在另一個世界裡，能安安心心快快樂樂地生活，或是下輩子再投胎轉世時，能和這輩子一樣，受到主人的寵愛照顧及尊重。充分達到生者慰、逝者歡，兩相自在、無牽無罣，願逝者往生淨土，獲得身後之平安。

基督教的飼主，也有專屬的莊嚴儀式，可供懷念他們已在天堂的毛小孩。

客戶迴響，超五星評價

北新莊寵物安樂園，在愛心滿溢創辦人呂國文，愛屋及烏用心經營下，不只成為全台最大，更是大家首選的寵物安樂園，深獲客戶喜愛，迴響正面積極，感恩聲聲不斷。一塊兒來看看，來自各地不同飼主們，對於北新莊寵物安樂園的超五星評價。

王小姐　評價五顆心根本不夠，覺得服務超棒，滿滿的愛都滿出來了。我的寶貝能給他們服務，讓我覺得很安心。

李小姐　北新莊寵物安樂園是我看過環境最好的一間。讓寵物也能在好的環境渡過，非常的不錯喔。

蔡先生　昨天和今天送阿公的大吉娃娃嘟嘟最後一程，這是本人所體驗過最專業且完全尊重往生者和家屬雙方的禮儀公司！

陳小姐　今天是陪伴我16年「媛寶貝」火化的日子，剛剛去看了牠，謝謝裡面的服務人員，更感謝負責火化的大哥，辛苦了。

程小姐　這裡親切有禮，價格公道，師傅專業。

黃小姐　感受到所有服務人員對生命的尊重，以及對家屬的同理心，環境清幽，磁場很好。

高小姐　第一次參與汪星人火化，工作人員親切對待，讓我們有時間道別，尊重寵物寶貝，謝謝你們~

張小姐　非常珍重生命的地方，工作人員也非常好地替狗狗完成最好最後的結局。

楊小姐　家中毛小孩離開，聯絡了工作人員到家中接送，臨時有其他親友要來看毛小孩最後一眼，工作人員很親切地同意，並等待我們和毛小孩的最後時光。到了現場裡面的女性工作人員和火化場的男性工作人員都非常親切，讓我們時間充裕地走過每個流程，並且都會讓家屬慢慢和毛小孩道別。

鍾小姐　服務到位，本著寵物家屬心情，有專車接送，讓住在外縣市的我們不用奔波於交通工具，感謝你們。

Neme Sia　看到司機們很小心地接過、包裝狗狗的遺體，並與牠輕聲說話，就連將狗狗骨灰交給我時也是小心翼翼，讓我覺得很溫暖，有種他們是真心在對待我們寶貝遺體的感覺，謝謝你們。

北新莊寵物安樂園小檔案

- 地址：新北市淡水區北新路一段603號
- 電話：02-26220449
- 網址：www.psc0449.com

園區佔地頗為寬廣，風景怡人，是寵物當天使後很好的修行地，飼主們可以寬心釋懷了。

天瑪源自英國！西藏獒犬

世界上最古老狗種

想要在家中飼養寵物時，大多數人會選可愛的小型犬，但就有一位獨特的女飼主，選擇外型與自己很不一樣的「西藏獒犬」，那憨厚的神情搭配雄壯威武的身形，讓人印象深刻，今天我們揭開世界上最古老的狗種之一，「西藏獒犬」的寵物密碼。

「西藏獒犬」祖先其實源自英國？

西藏獒犬以往在台灣流行時身價不斐，台灣人養獒犬，主要還是以護衛成分居多，農場裡養獒犬可避免高經濟價值農作物被偷，尤其台灣蘭花深受國際市場青睞，當蘭花價格居高不下時，花農就願意花大錢養獒犬護衛蘭花，當時風靡花農圈。

但你知道其實「西藏獒犬」最古老的祖先是源於英國嗎？當時被稱作英國獒犬，後來因為貿易以及戰爭等因素，被傳進中國並在西藏等遊牧民族區繁殖，牠有著濃密厚重的披毛、如雄獅般的巨大外形、不怒而威的外表、震撼性的叫吼聲及固守家園的堅定態度，這些都是藏獒的最大特色，優異的性能使其成為西藏人的最佳護衛，古稱「蒼猊犬」，又稱「西藏馬士提夫」。

在西藏，每當男性外出牧羊或是離開居住村落時，西藏獒犬會徘徊在家園附近巡邏，負責保衛留守於村落中的女人、孩子以及牲畜，足見西藏獒犬的忠誠和勇敢，以及藏人對其固守家園的信賴。

因此西藏人將其視為守護神看待，是最尊貴的犬隻，還會掛上紅項圍以表示尊敬，可見其地位之崇高，亦有人稱「二郎神犬」。

藏獒的品種多元，例如鬥牛獒犬、西班牙獒犬、庇里牛斯獒犬、波爾多獒犬、那不勒斯獒犬等等，同樣屬於外表強悍的大型犬隻，也都具有攻擊性。

獒犬雖給人外表強悍的感覺，但採訪團隊近距離與藏獒接近後，發現牠們其實不如想像中那樣兇狠，相反的，現場的獒犬展現超高EQ，不但採訪過程乖巧安靜，每個姿勢都相當優雅，不難看出飼主王小姐在飼養上下足功夫。

「西藏獒犬」當寵物，其實超級萌！

「天瑪，其實是爸爸給的禮物，剛來時小不點般很可愛，沒想到竟一夜長一寸，個頭越來越大……」飼主王小姐笑著說天瑪小時候的趣事。因為天瑪暴風成長，讓王小姐夫婦為了天瑪生活起居花了很多心力，四處尋找飼養藏獒的絕版書，天瑪爸更是為了天瑪跟國外飼主交流飼養點滴，一家人為了讓天瑪生活更加良好，費盡苦心，算是一等一的好飼主。

很多東西必須收好收高，尤其是人類的食物，一次都不能讓牠吃到，因為一試成主顧，下次就不會吃飯，還有一些禁忌食物，像巧克力、洋蔥、葡萄皆不宜。可愛的天瑪只要知道自己不能吃，就會故意甩頭，然後把口水甩到你的食物上面，相當淘氣如同孩子。

除此之外，藏獒的毛也讓飼主吃盡苦頭，因為牠們原是生活在較寒冷的區域，所以毛層為了禦寒長得又密集厚實，但對於生活在台灣的天瑪，全身的毛就毫無用武之地，因為底層絨毛是專門拿來禦寒的，外面毛層是防水作用，所以洗澡時，需要相當費工一層一層撥開洗，把底層毛打溼，每次只要洗澡美容大致就要3-4小時，吹整更是耗時耗力。

因為繁複的美容過程，能處理藏獒毛髮的美容師並不多，飼主王小姐就自己學起了寵物美容，即使洗一次澡要花五小時，但王小姐把這段時間當成能與毛孩培養感情的最佳時機。

外冷內熱的「藏獒」，對飼主忠心耿耿

西藏獒犬因如雄獅般的巨大外形，不怒而威的外表，整體來說性情穩重，並且聰明又忠於主人，非常適合當作警衛犬來飼養，所以過去的藏獒皆拿來顧工廠、家園，所以要將牠寵物化從小就要下功夫，飼主需要異常有耐心，用心去帶領牠。

尤其，牠不像寵物犬會對人展露情緒，搖尾、撒嬌完全不在行，但卻異常忠誠有個性，飼主形容天瑪護主行為是，「如果前方有狗遠遠走來，對我們兇，牠就會站在前面護衛」，讓主人感到安心。也因如此，在藏獒的訓練上千萬不能馬虎，你一定要讓牠學會規矩，但教規矩有訣竅，千萬不要用手打罵，因為你用手打狗，以後你只是要伸手摸牠，牠就會以為你要打牠。

聰明教育方式要用對眼神，眼神要比牠更堅定更兇，讓牠由衷敬畏才是教養的最佳方式，若必須執行打罵教育，王小姐建議可以找條軟棍，因為鼻頭容易感覺到疼痛，用軟棍敲鼻頭，不需要太用力，敲一下讓牠知道痛，牠就會知道自己做錯事了。

外冷內熱的「藏獒」，用對方式養起來超簡單！

飼養天瑪後，王小姐最常被問到的應該就是:「需要每天帶牠們外出運動嗎？」其實藏獒運動量比其他大型犬類還少，所以沒有大家想的這樣辛苦。而藏獒的健康方面可以說是非常健壯，除了一些老化病症之外，只要定期注射預防針，就可避免一些常見疾病，比較需要小心的只有夏季高溫問題，盡量待在陰涼處，避免發生中暑現象。

但終究寵物壽命大致只有20歲，總有那麼一天牠會提早到天堂，王小姐也做足心理準備，希望讓天瑪樹葬，讓家人有空都能到那裡去為牠掉念，最後王小姐提醒想要或考慮飼養寵物的大家，在育養之前必須要想清楚，因為養就是一輩子，千萬不要因為毛孩們外型可愛就衝動飼養，因為教育狗就如同養孩子一樣，是一輩子的責任與停不下的牽掛，最後王小姐也希望大家以「認養代替購買」，讓更多浪浪擁有一個家。

寵物也講靈魂契合

靈魂專家楊慧珺啟示生命輪迴

萬千世界無奇不有，印度神童阿南德不斷預言未來；美國著名精神科醫生布萊恩・萊斯利・魏斯(Brian Leslie Weiss)是催眠治療師，也是專門研究前世回歸的作家，他的作品包括輪迴、前世的回歸、未來的生活進步以及死後靈魂的生存……他不惜賭上職涯、挑戰龐大的社會輿論，也要跳出來道出「前世今生」存在的秘密。很多寵物飼主對於養寵物總是憑藉第一眼的感覺，比挑選未來另一半還快速，這難道只是單純靠緣分？還是前世你跟牠是相欠？所謂白鶴報恩、貓的報恩是幻想還是真實？真有前世今生嗎？

楊慧珺與她的寵兒們

達爾文演化論？佛家六道輪迴？
電影《月老》投胎最高階是貓？

年僅三歲的達賴喇嘛被認證是活佛轉世，從此搬進布達拉宮生活，靈魂永恆不滅，前世與今生有著無法解釋的神祕連結。

佛教講求六道輪迴，所謂六道分為天人道、阿修羅道、人道、畜牲道、餓鬼道、地獄道，按照前一世的因果報應作為投胎依據，「善有善報・惡有惡報」，唯有修心成佛才能跳脫輪迴。其中畜牲道被列為三惡道之一，指的就是前世造孽才會轉世成為動物，可是世代交替、時過境遷，現在很多毛小孩活得都比人還好命。

電影《月老》也大玩輪迴梗，片中男主角石孝綸意外被雷劈死，因生前太過頑皮種下許多惡果，死後成為幫人牽紅線的月老洗刷罪孽，其中最有趣的是，小時候的石孝綸一看到由宋芸樺飾演的小咪後，立刻要求對方嫁給他，這怪異又好笑的舉動，在電影最後也揭露原來兩人前世是一對有緣人，相約來世再相聚，可惜孟婆讓他們忘記彼此，只是冥冥中自有安排。而片中觀眾最喜愛的莫過於狗狗阿魯的表現，即便主人已經過世，卻依然能夠準確找到主人的蹤跡，因為主人就是牠的全世界。有趣的是，電影最終男主角和夥伴總算能前去投胎，但投胎最高階是貓，可見寵物在現代人心中的地位。

回頭說，寵物觀念其實遠在古埃及時代就養成了，根據文獻記載，埃及豔后豢養著各種動物，有貓、蝙蝠，甚至還有老鷹跟蠍子，其實在人類尚未發展成現在這麼高等的靈長類，還在經歷達爾文提出的演化論時，他們就有屬於自己養寵物的習慣，只是當時不是寵物，而是狩獵的幫手，直到古埃及時代，皇室為了發揚其高貴性，開始豢養象徵皇室的獅子、老虎等作為權貴寵物。

寵物從遠古埃及進化到近埃及，從狩獵幫手到寵物，最後演變成為是守護神，所以圖騰中才會有上埃及、下埃及的眼鏡蛇及大鵬鳥為代表意義。

楊慧珺從事易經卜卦服務眾生

前世今生．情感的依戀 哲學科學化．科學哲學化

身為寵物靈魂專家的楊慧珺說：「前世今生，其實就是一段情感的依戀，面對情感，你很難用哲學去定義，也很難用科學去論斷，因為它是跳脫這兩個的存在。那麼很多人都會問我這個問題，為什麼我會想養寵物？莫非就是跟前世今生有關係？為什麼萬千寵物任我選，我就偏偏只愛牠？其實我們有好好深入研究這件事，然後發現原來真的是因為有欠寵物債。」

楊慧珺進一步補充說明，在他們基金會中也有培訓一群專業寵物溝通師，而他們都是學習先天易經的，「當然我自己也懂一些，但是術業有專攻，我只能就情感面去感受到靈魂的狀態。」

楊慧珺笑著舉例她一個特別的經驗。基金會所收養的一隻狗狗叫「秦始王」，剛收養時，牠一點都不快樂，叫牠時都愛理不理，甚至叫牠做什麼都是有一搭沒一搭，後來透過寵物溝通師才知道，原來是因為「名字」取錯了啦！人家就是要叫秦始「皇」，不想叫秦始「王」啦……因為叫秦始王地位會矮一截。牠還說，牠這一世就是來完成牠上一世的使命，上輩子的秦始皇雖然是暴君，但他的萬里長城卻意外為中國帶來一大筆觀光財，所以牠這輩子的使命是來幫助大家與「經濟」有相關的產業與開發。

沒想到，換了名字以後，牠就活蹦亂跳。老祖宗曾說過天上一顆星星等於地上的一個人，我們地上的一個人不只有人類，動物也都算，名字取對之後天上的星跟這個肉體的心會合一，才會清楚也才能發揮靈性的本能跟使命。

怎麼挑對寵物？我跟牠的靈魂契合度多高

跟前面提到的相同，其實就是前世有相欠這世來償還，很多流浪狗、流浪貓，會因為主人飼養一段時間後就被拋棄，但是牠這輩子的債卻還沒有還清，結果牠只能不斷淪落在畜牲道。所以你拋棄牠，你認為只有你虧欠牠，但其實牠也是虧欠你的，牠往生以後的靈魂還是會不斷輪迴完成這個使命，直到完成這場修練，牠才能安心地回到牠的星球。所以千萬不要拋棄毛小孩，人家可能就是來報恩的。

那你一定會問，究竟我該怎麼挑到和我靈魂契合度高的寵物？畢竟一般民眾沒辦法感應到寵物的靈魂感受，所以對他們來說，就是有緣，如果你第一眼都不喜歡了，那你怎麼會選擇牠成為你的家人呢？其次，除了靈性契合度外，我們就要回歸到實際面。楊慧珺說：「像我收養狗狗的時候，我都會去摸一下牠的骨頭狀況，畢竟狗狗需要的活動量是人類的3.25倍，如果腳很細，那可能就很容易導致骨頭受傷，當然我們也是能夠透過後天保健來補足，降低牠短命的可能性。」

還有，養寵物的人真的要有很多耐心，我們的親人、愛人可能一天說不到幾句話，可能會跟你計較，但是寵物牠們永遠都是那麼直率！古人說：「狗通人心，貓通人性！」牠只要看到你就是對你撒嬌、搖尾巴，所以越來越多在這個時代的人不生孩子了，反而越來越多人想養寵物。如果你養到兩隻以上的寵物，可能還會發生爭風吃醋的狀況，這些就像小朋友想要得到你關注一樣，牠們可能會搞砸事情，但是也會為你的生活增添很多樂趣，當你這樣想的時候，寵物就能帶給飼主靈性上的療癒、撫育與安慰的功能。

如果真的遇到完全沒辦法管束的寵物，也請各位飼主多花點時間去理解牠們，牠或許只是想對你表達一個有趣的小情緒，好比名字錯誤這件事。

楊慧珺小檔案

- 現任社團法人中華世界易經協會理事長
- 現任社團法人中華世界總裁協會創會理事長
- 現任財團法人梅花基金會董事長

寵物最佳翻譯官
溝通師趙楧順為你獨家解密

日本研究指出，家中若有養寵物，不僅可以有效幫助老人降低阿茲海默症發生的機會，還能在心靈層面上獲得更多的幸福感，而哈佛大學研究也指出，寵物能使老年人活得更積極，因此絕大多數護理中心，已從早年禁止攜帶寵物進入，調整為讓寵物擁有與親人一同探視的權力。有些國家甚至將貓狗培養成治療醫生，透過牠們的陪伴，緩解自閉兒童的不適感，幫助自閉孩童找回社交能力，或是讓安寧病房的老人、癌症末期病患，也能在人生晚年找到安祥、無壓力的開懷大笑……。

人有情緒，寵物也有脾氣，只是該怎麼溝通？

既然毛孩能體會人類的情緒，那活生生的毛孩情緒，你搞得懂嗎？飼主們是不是常常想，若寵物能和你建立溝通模式該有多好呢？此時，一個既熟悉又陌生的名字──寵物溝通師，浮現在各位腦中，但礙於此行業沒有公開的國家考試，於是飼主們接著便會堆出各種琳瑯滿目的問題，像是寵物溝通師可以知道寵物哪裡生病嗎？寵物溝通師真的聽得懂動物的語言嗎？寵物溝通師是在溝通什麼？這是騙人的吧？面對這些謬誤，想破腦袋，不如直接請專家講給你聽。

在業界十多年經歷、與超過一萬隻寵物對話的趙楧順老師，簡單扼要地闡述「寵物溝通師」這個近來新興的職業：「溝通師其實就有點像翻譯官，當人們不懂英文，你會去找一個英文翻譯官；我們不懂日文，就找日文翻譯官。同理可證，當寵物主人不懂寵物的想法時，就需要我們去擔任人類和寵物之間的橋樑，幫忙溝通傳遞。」

趙楧順擅長寵物溝通

面對民眾好奇的聲浪，趙楧順說：「寵物溝通師並非真的懂動物語言，如果每種動物的語言都要懂，那我就是動物學權威了！寵物溝通師是透過『感應』，不論近距離或是遠距離都能做到。說來也有趣，人們對人類靈媒深信不疑，對我們卻是充滿好奇或是疑惑。我們在幫飼主做溝通的時候，一開始會有暖身問題，從寵物習慣或是行為、愛好等，飼主就可以明白我們寵物溝通師在完全不認識也沒有接觸寵兒的狀況下，厲害的程度。目前寵物溝通師只有民間認證，我們也僅能透過很多周邊證照增加可信度，因此我們機構訓練的寵物溝通師對於寵物訓練、寵物營養、寵物照護都要略懂，這行業可是比想像中更有挑戰和專業度。」

寵物疑難雜症，寵物溝通師一一接招與破解

飼主找上溝通師是表示事情很大條嗎？其實寵物溝通無非就是下面幾個項目，趙楧順輕描淡寫地說著，他每次遇到寵物對他們傳達的第一個無非是飼主是不是討厭我？不然為什麼要逼我穿上不喜歡的衣服、吃我不喜歡的食物、不在乎我的運動需求？然後飼主很喜歡問寵物喜不喜歡他，「但我也奉勸各位飼主不要問這個地雷題，因為答案往往會讓你受傷害！哈哈。」

趙楧順進一步表達：「說穿了，飼主之所以會找上寵物溝通師，無非就是寵物近期的行為過於『怪異』。」他舉例有些飼主會說，最近他家的寵物特別皮，會尿尿在床上或是亂咬沙發，但是這些以前都不會，到底是什麼原因造成的？重點是罵也罵不聽，讓他好無奈……這時候我們就會透過與寵物溝通的方式來找出源頭。以上述的案例來說，大多數是飼主忘記自己曾經允諾的事情，進而惹得毛孩不開心，但是毛孩不

趙楧順以神犬阿諾做示範為飼主演講上課

會說話，所以只好透過激烈行為來傳達自己的不滿，牠們就像小朋友一樣，只是小朋友透過哭鬧，毛孩則是透過撕咬或是破壞的手段。趙老師笑著說：「所以很多時候，我們其實也是在教育飼主要注意的範疇，不是給食物就是養，而是在牠們的行為中學到什麼。」

寵物溝通師的社會使命

我們是教育家，我們要教飼主怎麼做，才能跟寵物取得平衡，哪些能做；哪些事情絕對不要做。好比寵物其實很害怕你從後面突然抱牠，這對牠來說一點也不浪漫，牠們的防禦機能此時會被激起，那飼主一定會被咬，還有絕對不要輕易說出不要毛小孩，這都是讓牠們緊張的因素。寵物其實不難懂，你把毛孩當作家中小孩、親人去善待就好，有個棲身之所，不用忍受颳風下雨，天熱注意柏油路面的溫度，天冷加件衣服，不讓毛孩餓肚子，減少不適應的場所或是大量噪音的環境，施打疫苗及預防針，多到戶外多運動，畢竟狗狗的運動量可是人類的3.5倍。

趙老師接著說，其實寵物溝通師最重要的是「社會使命」！協助流浪貓狗協會、收容所，在送養會現場替牠們找到合適的主人，在活動現場宣導飼主該如何與寵物互動，同時針對每隻毛孩做出個別建議，幫助牠們找到溫暖的新家，趙老師至今為止就成功協助過600隻流浪貓狗。老師也呼籲大眾，情侶不要為了養而養毛孩，當分手後，毛孩該怎麼安置將成為一個大難題。

趙老師依稀記得曾經遇過一隻重病的寵物，牠的飼主帶牠來找寵物溝通師，但寵物不是交代遺言，而是交代牠的心願，要求飼主快點找下一隻寵物，好讓牠能教育新人家裡的規矩；還有一次是飼主因為某些工作原因必須出國，寵物只要求飼主，牠不要吃那麼貴的食物，因為賺錢不容易，叫飼主省一點錢給自己。

「透過這篇文章，帶一個好消息給對於寵物溝通有興趣的朋友，我服務的世界寵物基金會，現在正積極招生當中，對於志同道合願意加入此職業的有心人，可以跟著我們實體學習與親臨溝通現場實習，也可在線上學習，雙重方式讓想學寵物溝通的民眾有管道了，歡迎各位飼主或是想成為寵物溝通師的你加入。」詳情請洽 FB:@communicationforpet

趙楧順是各大寵物展的常客

神犬阿諾
牠來地球上的任務

神犬阿諾是一隻帥氣、老沉、穩重、懂事又超級有福報的神奇英鬥！初來乍到世界寵物基金會的時候跟一般毛小孩一樣，淘氣、好奇、活潑、搗蛋……過著牠安逸自在的日子，阿諾每日必做的行程就是在大太陽下曬日光浴，可以一躺數小時。

沒想到隨著時光的流逝，突然有一天我們在一場寵物展的活動上發現了牠的天才、天賦和奇蹟！牠來到活動現場當一日店長時，突然出聲跟我們的寵物溝通師講話了……真是讓我們的溝通師驚呆，牠就當場指導起我們溝通師如何跟寵物應對，比如：直接講要害不要講廢話、直接講終點不要講過程、直接講答案不要彎來彎去……就這樣，牠不只是一隻英鬥阿諾而是變成了神犬阿諾！從此，阿諾開始了牠的天命、使命之旅！

從埃及時代的法老王就很會養寵物，善用大自然的「天生萬物養萬物·天養萬物生萬物」的本性及本能來與主人互補不足，甚至是當主人的守護神，故在埃及時代的寵物又如同神一般被尊重，我們用「寵物是神也是人」來還原及形容牠們。

現今，21世紀的科技時代！家家多本寵物經、口口不離毛小孩！阿諾就是這樣發跡與出道的！主人來問毛小孩，阿諾說明明就是主人自己應該先修正自己，讓主人啞口無言，常常呈現主人問完溝通師牠家毛孩後，接著就諮詢阿諾自己的問題！

神犬阿諾的粉絲和信徒遍佈多國，如果你想要知道牠到底命相有多神，只能用一句話來形容，物超所值、值回票價！阿諾最特殊的地方是牠是一隻神犬寵物，但是牠命相的對象卻是人類而不是寵物……。

神犬阿諾與柯文哲市長合影（受訪者提供）

靈魂是最高潛力的開發與爆破！當神犬阿諾命相神準後，很快牠的專屬翻譯官又發現了牠有第二專長，讓人祈願……跟他的靈魂祈願……真是太神奇了！而祈願信徒多到可以用門庭若市來形容！

阿諾是一隻非常有福報的「人」，尤其牠看人的眼神、跟主人互動的反應、與翻譯官意見不合的模樣、與專用刀療和療癒保姆撒嬌的態度……真不是可以用三言兩語來形容的！而牠最厲害的其實是牠的靈魂，我們為了發掘神犬阿諾的天才、天賦，特別研究了牠的靈魂基因、心靈基因、腦內基因並同時探索牠生由何來，死要何去的生命意義與宗旨！不要讓牠白白來投胎而不知自己為何來世間，結果在這過程中我們又發現牠有一個神奇功能，就是牠的「打鼾聲」。牠的打鼾聲居然可以協助失眠、不易入睡的人有安逸與安穩睡覺的引導！牠的打鼾聲到現在還陸續有很多粉絲在廣宣與體驗分享中……

神犬阿諾為何到後面被稱之神犬，其實是因為牠居然會預言，堪稱寵物界的預言家！剛開始牠要求牠的翻譯官說出預言、預知、預測客戶的事件之時，翻譯官都很緊張及擔憂到底行不行，沒想到大膽放手以神犬阿諾之話為主、大膽翻譯出阿諾的內容後，反應絕響、求證者不斷……連電視及媒體都來採訪這隻特殊、神奇、奇蹟連連的神犬。神犬阿諾一生風光無限，牠的成功來自牠的靈性潛能開發，牠的成就來自牠與翻譯官之間的天人合一度、神人合一度，相互彌補不足，彼此是彼此的缺一不可，翻譯官造就了阿諾一生的奇蹟，而阿諾成就了翻譯官的特色！

神犬阿諾經常受邀上電視節目（受訪者提供）

神犬阿諾命相神準，粉絲和信徒遍佈多國

現在，阿諾的信徒依舊很多，但是牠把牠的責任傳給了牠的二位接班人……對，你沒看錯也不要驚呆，我們阿諾也是有接班人的，而且還一次二位，並不是只有人類才需要有接班人，所以請不要錯愕！二位接班人傳承阿諾的宗旨繼續「投胎是為了重修而來，不是為了虛度光陰而來，要將有限生命的歲月激發出生命最高的無限價值」！佛法的因果論說：「我們都是因為犯罪才來投胎，所以不管是何形體，都是為了重修圓滿而回去！」所以藉由命相來教育與建議人類如何修正自己是牠們的第一個學分！同時也是啟動牠們靈性的激盪與開發。

神犬阿諾最厲害的就是教你訣竅，牠說方法技巧容易學而真訣真竅真難學，牠主張「一個真訣也許要修百年，一個真竅也許要修千年」！所以牠會教信徒如何節省20～30年的時間來修行、修煉、修圓自己的一本初衷，及目標鎖定進行成大功、立大業的規劃與建議。

神犬阿諾最棒的地方是，每年過年前牠都會要翻譯官建議各位主人如何新春開運及毛孩新春開囍，年中時會建議各位主人如何躲劫數、避劫難及各位毛孩如何躲煞而命吉運通。

神犬阿諾長眠其下的阿諾神樹

現在的阿諾長眠在阿諾神樹之下，但是靈魂生生不息的力量並沒有散去，靈性依舊與翻譯官合一繼續前進與協助接班人的成長、沁性，時常為信徒解困、解迷、解惑……。

牠的信徒會到牠的神樹來看牠，有問題還是會請翻譯官協助，最廣泛的部分是，來跟阿諾祈願的信徒已經開始逐漸勝過來問事的了！現在信徒及粉絲的有形困由二位接班人來建議如何有形解，阿諾現在是以無形困無形解的缺一不可、臨門一腳的寵物祈願為主，進而創造了一系列的寵物開運文創、寵物神人文創、寵物之歌、寵物傳奇書籍、寵物開運商標、寵物開運招牌，甚至寵物靈魂百貨、寵物靈魂穿搭、寵物靈魂代選，邁向寵物靈魂鑑定、寵物基因鑑定、寵物沁靈鑑定、寵物與主人的因果鑑定與和解、寵物與主人的福報鑑定與和解，更進一步的到寵物預約星際、寵物預約來世……這些都是神犬阿諾對世界的期許與貢獻，牠藉此勉勵牠的寵物團隊可以協助世界的寵物從出生的有形到生命結束時的無形，都可在此世圓滿並讓主人不要留下遺憾，雙雙祝福、雙雙感恩、雙雙珍惜這份「緣」與「圓」。

神犬阿諾雖已羽化升天，仍以護持卡的型態護佑眾生

寵物身上有光！用顏色讀懂寵物心

情緒管理專家 彩虹大師 為你解開內心的秘密！

你相信嗎？萬物皆由能量構成，而每一種情緒在靈魂的呈現上，皆用不同顏色代表著，這次專訪揭開顏色能量的秘密，為大家揭開在情緒跟療癒上有超過五年專家經驗的「彩虹大師」，屬於她的真正天賦。她把自己的心和靈魂投入到寵物的能量療癒中，無論你的寵物會經歷什麼樣的生命旅程，你都可以從旁協助陪伴，並在過程中慢慢讓自己走向「真正的同理與放下」。

彩虹大師從小感知能力就很強，經常感覺到大人給的想法與情緒，腦袋裡最常出現聲音是:「我是誰？為什麼生在地球？」長大後漸漸地明白，原來這種敏感就是人與人之間的一種頻率；這些頻率會隨著情緒和起心動念，經傳達或意念產生共振。

立志成為每個人心中的那一道彩虹！

為了尋求天賦解答，彩虹大師走過宗教也深入過靈性，也許是在國外生活多年的關係，因而接收了許多國際觀，接觸不同的人種，開啟了靈魂不一樣的視野，簡單來說就是「靈性的崛起」，靈魂喚醒她該做些對人類有幫助的事。

從情緒釋放方面開始，漸漸挖掘出為什麼人會一直反覆受困於同一種情緒中?無法自拔的迴圈，好比困在無盡深淵中，像是陷在泥沼中無法呼吸的那種感覺，更可怕的是自己竟然習慣於這種生活模式!因為自己無法掙脫與受困，彩虹大師就成為心靈救援者的那雙手。

任何寵物都有情緒，受困的情緒也會讓寵物生病！

不只是人類擁有七情六慾，寵物跟人一樣也是有情緒的，只是主人常不知道寵物的想法與需求，所以彩虹大師也幫助許多寵物做情緒的釋放。會從事寵物情緒釋放全都是巧合；因為許多主人會帶著寵物一同來做情緒釋放或療癒，但就在釋放情緒過程當中，彩虹大師卻意外發現寵物一直不斷地發出求救訊號，在告訴彩虹大師「我需要情緒釋放，也需要被療癒」！寵物是我們的家人，更是我們忠實的好朋友，任誰也無法忍受家人生病而不管，更何況牠們是這麼全新全意地陪伴我們、守護在我們身邊，我們當然要對牠們不離不棄、愛護到底。

透過這樣的過程，彩虹大師意外發現，原來寵物與主人的情緒是交疊的，也會互相串聯。建議主人們協助狗狗或寵物，先知道牠們的想法與需求，才能成功紓緩寵物心情與飼主擔憂，守護牠們的健康就是愛牠們最好的方式。

你不知道的寵物情緒密碼，解鎖情緒獲得舒壓

很多看似不在乎的情緒，其實都只是被理智給壓下來而已。事實上它一直是存在的，沒有將它釋放掉再療癒的話，它就會一輩子如影隨形、揮之不去，甚至連結到未來生。所以情緒釋放這個療癒過程，是一種凡走過必留下痕跡的紀錄，在我們頭蓋骨裡的一個存檔；不是消除它，而是當你再次經歷或是回顧這個傷痕的時候，可以正視與面對而且感覺不再痛了，這就是癒合。我們更要學會去感恩一切不美好，或是謙卑接受那塊不完整的缺角，而當這個永遠的疤痕再也不會影響你的人生跟絆住自己時，這才是真正的放下與自在。很多顧客給彩虹大師的回饋是，「好像重生的感覺」！

例如有位顧客養了年近16歲的寵物犬，因為視力退化跟身體功能衰弱，讓牠常感到不安膽小、時常情緒不穩或哭泣。直到遇到彩虹大師，為牠執行壓力釋放與療癒之後，狗狗才卸下心防說出心中的顧慮，牠擔心主人無人照顧而不放心離開，也內疚為牠花了錢醫治牠。彩虹大師替牠執行療程，結果狗狗狀態整個都變不一樣了！除了身體變健康之外，也變得有活力，主人相當感謝彩虹大師的協助，讓她的狗狗「返老還童變成了一隻型男狗」。

動物的真心話大冒險，透過療癒秘傳給主人的實境

彩虹大師曾遇過最特別的嬌客就是「烏龜」，意外發現原來烏龜也與貓狗一樣地護主。療癒起源是，主人帶著雙腳腫脹的阿龜前來，雖然烏龜已經25歲，但還算是中壯年時期，因為烏龜平均年齡可以到50歲。透過幫牠療癒的過程，這隻烏龜很是享受，彩虹大師從龜殼中感受到許多的訊息，彩虹大師頓時潸然淚下娓娓道出烏龜的心聲。「主人啊！你知道我從以前就在尋找你，已經等了好久好久了！我不僅游過了大西洋，印度洋、太平洋，再游到台灣海峽，就為了遇見你！」原來這隻烏龜靈魂是破碎的，和主人非常有淵源，幾世的等待就為了換取一個與主人的相遇。如此美的故事深深感動著彩虹大師，也慶幸自己擁有如此天賦，能替寵物說出對主人的真心話。

療癒飼主與寵物

彩虹大師替許多寵物與主人解除受困的情緒，卻始終不敢跨出飼養寵物這一步，這源自於念幼稚園的一段往事。還是孩童的彩虹大師，養了一隻很漂亮的狐狸狗，但是因為自家是偏郊區的工廠，某天夜晚狐狸狗狗誤食隔壁鄰居施放的老鼠藥，年僅6歲的彩虹大師目睹了狗狗斷氣的過程，狗狗的垂死掙扎至今還無法忘懷！狗狗痛苦到一直撞牆再撞牆，因為太痛苦了；後來看著牠口吐白沫，到咽下最後一口氣。

因此，彩虹大師目前只想單純幫助主人和寵物的療癒，看著牠們修復的過程，那就是最好的祝福。大師的愛轉化成幫助更多寵物們的愛，透過強大的虹光力量，協助更多需要被療癒的人們與寵物，讓生命的美好延續在彼此之間。

在疫情肆虐的當下，彩虹大師看到了人類更需要心身靈的平衡與健康；現在全球的人們也都在追求更高層次的能療，來療癒內心的恐慌和懼怕。在醫療有極限的環境下，能量療癒可以透過遠端網路來進行，這種零距離無國界更創造出未來能療的需要與被需求。這次採訪彩虹大師真是刷新眼界與高度，首次體驗到療癒的強大力量，寵物與主人之間如何做到情緒轉換和紓解，如何解讀寵物的內心世界，有機會大家都可以進一步體驗與諮商。

培育廣告神犬推手
吳冠樺 意外成為寵物伯樂

培育廣告神犬推手吳冠樺用一句話開啟這次的訪談，「對世界的迷茫，在神犬身上學會獨立。」吳冠樺經手的神犬都成為廣告模特兒，但其實並非一開始就能教育出神犬，當飼主跟媽媽角色同步後，其實不容易。

培育廣告神犬的那些日子

培育神犬的過程中，經歷許多養育知識的洗禮，吳冠樺印象最深刻的一件事，是神犬一歲多時結紮，手術後頸部卻長出一顆腫瘤，在一個禮拜內轉為半顆網球大小，台大獸醫當時還在翻教科書，認為短時間內神犬會失去生命。回想起那段煎熬日子，情緒與壓力的衝擊下，頓時不清楚該如何是好，就遵照獸醫開的抗生素及國外寵物藥草服用，但當時神犬非常厭惡藥草，每次吃藥草就齜牙裂嘴的。所以為了治療腫瘤，有詢問寵物溝通師，由溝通師來挑選寵物保養品。

「記得神犬六七個月大時，那段日子真的很考驗我。」吳冠樺回憶起，最初送神犬去訓練學校學習基礎教育，結業後，訓練師教導過基礎互動動作，但跟訓練師還是差十萬八千里，回家獨自訓練神犬的過程，挫敗和不知所措感隨之而來。

吳冠樺體認到，寵物不僅僅是寵物，動物也不僅僅是動物，牠們有情緒以及本性，頑皮至撒嬌到服從，進而自在舒服，寵物的情緒變化不僅是教育緒論上而已，人與寵物協調還包含著寵物本身個體的情緒與心理，必須擁有足夠的耐心與愛心。

培育廣告神犬須從生活起居做起

其實培育神犬時，糧食也是很重要的，吳冠樺當時精選來自加拿大的HOHO飼料，因為它強調低敏及養護關節，內含葡萄糖胺蔓越莓等成分，成分能協助大狗關節養護，因為神犬剛回家時發現膝關節易位，當時帶牠外出運動除了盡量不讓牠暴衝，也會用散步的方式，兩天帶牠小跑一次。某次哥哥帶牠出去玩，移車時神犬以為哥哥要離開，立馬暴衝追車，追回來後神犬呈現一跛一跛的。為了給牠修護，爾後不只添加關節營養品，飼料也開始選擇營養價值高的羊鹿肉，並找成分能協助關節的飼料。

吳冠樺和她的廣告神犬以及培育的貓

神犬拍廣告突發狀況，考驗吳冠樺臨場反應

神犬有次拍韓國家電廣告，當時已拍過多支廣告，廠商對神犬印象都很好，因神犬會很快速地完成鏡頭動作，當天劇情是神犬與家人在客廳中打鬧互動，在動態時神犬不喜歡與陌生人靠得很近，神犬會比較緊張，畫面呈現上與家人有段距離，這時會請家人藉由擁抱及撫摸，讓畫面看來更協調。

若兩顆鏡頭，一鏡是動態跳躍，一鏡是靜態臥倒，會先行拍靜態，因為狗在亢奮激昂時，要克服生理需求是困難的，指導牠們最重要的是穩定度及動物的個性。

神犬出席參與拍攝廣告的電器產品上市發表會

培育貓、狗過程有何不同

教育貓、狗理論之外，會針對不同情形、環境年紀等影響，何謂好的或對的教育理論，除了基本的教育與訓服等，以人類來說，個性決定格局，個性包含心理、本性、態度、情緒等，而寵物以情緒、本性、威信、方法來輔佐。教育是在成長中執行，在玩樂中建立，在互動中信任。先以個性穩定開始，行為問題中教育，不用要求牠們一次性學太多東西，對毛孩造成壓力，好的表現需要時間、耐心、知識。選擇適合自己毛孩的教育方式，重點還是要堅持。

培育神犬過程對人生有些改變

帶神犬回來的那一刻是不成熟的選擇，過程經歷成長、跌跤、挫折，再到勇敢面對未來，神犬是意想不到的禮物。吳冠樺常在想，從小至手掌般的大小，再到頑皮讓場面失控，現在可以在玩樂中完成廣告拍攝，像養小孩一樣擔心過、幸福過、也害怕無法給牠好生活，是一種成就感與責任嗎？不僅僅是，牠帶來的是感動及動力，希望牠有自己的一片天與使命的完成，從學習者、認知者到分享者，牠讓吳冠樺更有勇氣跟世界分享與牠學習到的東西。

培育廣告神犬

貓、狗品種不同，顏色有黃色、黑色、白色等；有不同個性，焦慮、公主病、膽怯、乖巧等。在工作上遇到毛孩過世的當下，爸媽的泣不成聲，把牠們抱在手心上寵，害怕牠受到任何傷害，不論用何種心態認知寵物在心中的角色，牠們到頭來是外表、情緒、自身需求吸引著我們，還是存在單純的生命互動？至今還在找尋相同的教育者，寵物是生命中的幻化，而不只是飼主與寵物的角色，寵物生命是七彩並帶給我們奇幻般的享受，跨過人類世故及險惡，寵物的存在是短暫的，「把握與牠的時光，紀錄與牠的快樂，愛護著牠所愛護的，飼主與寵物就是一體，沒有事務可取代兩條生命中的互相勾勒」。

神犬改變吳冠樺的全世界，從家庭寵愛的環境裡，穩定的零用錢，對世界的迷茫，到在神犬身上學會獨立。成長的未知，迷茫時的陪伴，簡單不起眼的狗狗，藉由自身的互動及需要，慢慢追尋照護寵物的相關知識，基本整潔至寵物美容，關注健康至產品的挑選，工作讓吳冠樺認識眾多毛孩，開始在台上分享生命教育，這已不是飼養一條狗那麼簡單。起始滿足動物的需求，至開始體認情緒能影響作為，而後感受到生命，一草一木，都可形容神犬生命跳動，超越寵物的肉體，生命中的毅力與堅韌都在與我們招手，因牠學習到跨越人的情緒，去關心我們的朋友與家人。

2020年下半年犬貓數量首度超過15歲兒童，2021年達到295萬隻，首次超過283萬孩童，從經濟上的變化至人口結構，動物從生存進化為陪伴，寵物代表著地位象徵、心理需求、孤單、寂寞、玩賞與同伴。寵物協助自己創造在人類生活中體現出的價值。

張信哲MV拍攝現場，背對鏡頭者為張信哲

冠軍犬培育專家 比熊教父楊世傑的教導密碼

在這「寵物當道、寵物是家人」的時代，飼養寵物的人越來越多，想要好好把貓狗養健康其實並不容易，而在寵物界就有這麼一位高人，專門養出優良品種，那就是「比熊教父」楊世傑先生，以下他將分享如何孕育品質優良的冠軍犬，以及為毛爸媽們指點迷津！

說到楊世傑如何和狗貓結緣，他從小就一直飼養著狗，二十幾歲時在書刊圖鑑上，得到比熊犬的知識訊息，比熊犬是非常可愛聰明、沒體味、不掉毛的小型犬種，在台灣買了他的第一隻比熊犬，沒想到養大之後發現與圖鑑上的完全不一樣，原來買到了相似的比熊混種犬，於是他開始到國外尋找，接觸一些比賽的指導手、世界頂尖的比熊專門犬舍，研習比熊犬標準的規範、參賽，對於比熊犬美容修剪技術的教授和推廣，從此在比熊犬的引領下，一頭栽進養狗事業。他的冠軍杜賓犬，為寶路拍攝電視廣告而名噪一時，冠軍比熊犬和侯佩岑共同拍攝LG電器產品廣告影片，更是在當時演藝圈掀起飼養風潮，知名人物包括藝人蔡依林、賈靜雯、名媛呂安妮等人都飼養著楊世傑「皇冠園犬舍」所培育的優質血統比熊犬。

採訪當天，團隊進入犬舍專訪楊世傑時，映入眼簾的是好幾十隻貓，其中一隻「漢堡」身價就超過百萬，楊世傑教父解釋著這是現在全世界最流行的新品種

冠軍比熊犬和侯佩岑共同拍攝電視廣告

近年流行的新品種「波斯布偶貓」身價百萬

「波斯布偶貓」，因為擁有波斯血統，所以毛質非常華麗，藍色眼睛充滿貴族優雅之態，讓團隊見識到高貴的迷人魅力。

比熊教父和蔡依林帶著愛犬一起上電視節目通

培育冠軍犬最重要的核心精神是專業知識

教父經手的貓狗已不可計數，不要說百萬的貓、千萬的狗，就是身價兩三千萬的狗也都曾經手過。那培育冠軍犬這項工作，最重要的核心是什麼？教父眼神堅定這樣述說：「以比賽犬來說，德國狼犬身價是最高的。狗跟人不一樣，因為牠不會講話無法訴說感覺，要去深入了解每隻寵物的個性和習性，而這個生長環節中知道牠會怎樣，最重要的就是要擁有專業知識，尤其是身價非凡的世界名犬，參加全球各地犬展賽事，最讓主人擔憂的就是海陸空交通運輸的安全性。現在歐洲很流行『寵物保姆』，運送寵物更需要專業性，任何時段、任何時間、任何環境你都要有專業應變知識，注意寵物運輸行程中需要預防什麼事情。」

寵物出發前必須做全身健康檢查、狂犬病疫苗注射及預防針施打和寵物的驅蟲，這個是很重要的環節，寵物進出每個國家就是必須遵照檢疫相關法令，因為每個國家規定的狂犬病疫苗注射時效狀況與狂犬病中和抗體力價檢測報告結果皆不一樣，這些專業資訊你要讓飼主知道，讓繁殖者知道，在出發前做好準備，稍有差池必會延誤行程。所以才說「專業」的重要性，因為從國外買進來的寵物包羅萬象，貓、狗、馬、豬、鴿子……等都是需要專業運輸知識。

國外非常注重寵物家人的運輸過程，運輸過程有太多不確定性，任何運輸的行程中，氣候溫度和寵物的運輸箱適應程度都很重要，氣溫太冷、太熱皆不行，溫度高低和運輸箱大小適中成為關鍵因素，飼主若真的要運輸寵物，功課一定要做足。台灣飼主在這一方面的知識普遍不足，需要有人來告訴他們，以避免造成意外甚至不幸。

賽級名犬培育重點，在幼犬階段顧好體質

教父也跟團隊分享如何辨別冠軍犬優劣，第一點「臉部的表現」，每個品種有牠的標準，每種品種犬各有整體特定的高度長度比例，有的甚至過大不行、過小不行，而有一些繁殖場為了利益，沒有經過正規血統去培育改良，像是目前寵物市場上火紅的「迷你比熊犬」，只是體型迷你，其實本身結構和比熊犬血統基因不一樣，講難聽一點就是利用一些小型犬種雜交，本身的健康非常有疑慮，嚴格來講就是失格，所以在全世界各犬展中無法接受參賽。

現在全世界最大的狗秀在美國，可以看到專業素養指導手帶狗進行參賽，比如說今天我的比熊犬在所有比熊犬參賽中由專業評審選賽冠軍，然後在本組別和其他犬種再選出冠軍，經過很多輪各組別的冠軍，再由專業的評審人員選出一隻全場總冠軍犬。冠軍犬除了至高榮耀外，也在於整體檢視肯定各品種犬進化基因，所以品種犬參賽本身就是一種榮耀。

另外，楊世傑分享累積了這麼多年的培育經驗，他最重視三件事:第一是「幼犬成長時期給狗狗適時運動和天然蛋白質養分」，發育階段的幼犬有特殊的營養份量需求；第二是「一定要培養狗狗日常良好的飲食習慣」，楊先生從不給狗狗吃正餐以外的食物，每天定時定量餵食；第三是「用正確的餵養方式照顧狗狗」，只要是從皇冠園出去的狗狗，楊先生一定都會把狗狗的日常作息(包括吃什麼、怎麼餵、餵的份量)完整地教給飼主，有時即使不是飼主本人親自接狗狗，他也一定會把整理好的資料提供給他們。楊先生強調與飼主的溝通非常重要，他相信飼主和他一樣關心狗狗健康成長，只要注意飼養方法就不容易出問題。

日前有一則走私貓新聞，也讓楊世傑相當憂心，寵物走私大多是因為有利可圖，政府必須加強海防、嚴查走私、加重刑罰，因為走私寵物真的很要命，天不可饒恕，很容易爆發狂犬病傳染蔓延，殃及畜牧產業經濟。在全亞洲，台灣是繁殖技術最高超的，像是寵物的醫療技術也是全亞洲最好的。所以寵物鏈有很多地方需要政府協助與輔導，像鄰近的新加坡來說，管理寵物物業是區劃地方，所有管理皆由政府來查核。

美國針對犬舍有明文規定，國人也很守法，將犬舍品質提高，建造如同度假中心一樣。他們的繁育品種犬舍業者不是把繁殖當做生意，他們把這專業認知在品種犬上健康進化。舉例說，在品種犬講習會場，為了讓參加講習人員更能直接對品種犬深入了解，會直接在講習台上一點都不含糊地把狗毛理掉，讓你更清楚明瞭狗身體比例結構，從這個小細節就明白，為什麼美國在寵物各方面的領域上會如此先進。

寵物這個產業在全亞洲是很大的市場，有無限產值和發展空間。國人不知道，其實亞洲大部分的動物臨床經驗分享都是台灣獸醫師去教導的，我們台灣的優秀獸醫師，在全世界獸醫師中的評價非常高，可是診療收費卻是最低的，在美國獸醫師隨便一個檢查，可能要差不多250元美金，在台灣可能收費新台幣一兩千元而已。

教父提到希望透過這次專訪，能喚起國人及官方的重視，提供更多元的寵物產業資訊，更多專業性質的講習、訓練或認證，讓國人多加去認識高優質的品種犬。期待大家攜手帶領台灣狗貓培育品種產業，走向更有前景的國際舞台。

牠從汪喵星球來到地球完成任務
向工作犬致敬

國立屏東科技大學工作犬訓練中心(原工作犬訓練學校)是民國96年由教育部補助「技專校院建立特色典範計畫」所設立,創我國在大學設立工作犬訓練中心之先河。屏科大工作犬訓練中心結合本校獸醫、動畜、社工等科系,是具備犬隻訓練技術、照養資源外亦重視人文關懷、身障服務的工作犬訓練中心。為提供國內工作犬專業訓練教育,以「工作犬訓練」帶動教學及提供多元就業方向,落實與產業合作,提升學生實務技術經驗,並提供各項相關服務。

中心主要服務項目如下:

1. 犬隻代訓:幼犬訓練、成犬基本服從訓練、成犬高級服從訓練、行為矯正等。
2. 犬隻寄宿:提供學校師生及民眾的愛犬寄宿。
3. 偵測服務:生態保育偵測犬協助相關動植物及病原之搜索。
4. 特殊偵測項目訓練:各種有特定氣味之品項均能訓練偵測犬進行搜索,犬隻完成訓練後,亦可代訓相關領犬員。
5. 犬隻及人員訓練課程。
6. 公民營機關團體委託計畫。
7. 教育推廣活動:營隊、研習講座及其他相關活動。
8. 中心參訪、生命教育
9. 犬相關用品設計販售:訓犬所需腰包、響片、牽繩、頸圈等各式獎勵品及手工製作之零食、玩具、犬時裝和攝影等。
10. 訓練場地租借。

工作犬針對學生,可透過犬隻示範及互動學習了解工作犬的工作內容。針對參訪團體,可透過導覽解說及互動體驗推廣工作犬的相關知識。最後可帶領受訓完成的工作犬去學校機關及社福機構,陪伴小孩、老人或身障人士,以達到尊重生命、開發潛能、造福社會之宗旨。中心各工作犬類的現況、種類及工作項目如下:

偵測犬

(一) 搜救犬

搜索及拯救犬對於在廣大範圍、自然災害環境或有龐大數目受害者的情況下進行搜索及拯救任務時有重大的幫助,能夠有效地縮小所需要進行搜索的範圍,以減低拯救延誤的可能性,並且促進搜索的效率。目前中心訓練一隻搜救犬作為示範用。

(二) 野生動物偵測犬

此偵測犬以協助生態研究或保育工作為主,最多用於野生動物排遺的搜尋,也用於尋找動物的屍體、活體動物、外來物種和病蟲害等。台灣也有利用偵測犬來偵測台灣黑熊排遺,或者利用偵測犬進行鳥類屍體之偵測。

(三) 褐根病偵測犬

在台灣,褐根病是最重要且常見的木本植物真菌性根部病害,以人工採樣之方式,耗費大量人力成本、時間及採樣準確度,受訓過犬隻能夠有效、準確地指出受感染之部位。

(四) 檢疫偵測犬

主要於國際機場之行李提領區及國際郵件中心偵測旅客行李中是否非法挾帶動植物及其產品。

(五) 研究用偵測犬

提供大學部、碩士班及博士班學生進行偵測犬之研究用。

格力犬

目前有五隻格力犬(右圖)係從澳門賽狗場退休後,於106年9月由獸醫系連一洋教授引進後飼養於本中心,依照犬隻個性給予不同訓練

圖片來源:https://pixabay.com/

協助犬

(一) 導聾犬

為幫助聽障人士反應居家生活的特定聲音，以提升聽障人士生活品質之協助犬。本中心訓練出全國第一隻導聾犬，看得懂五種手語指令，還會分辨門鈴、水壺汽笛聲、嬰兒的哭鬧聲等七種聲音，然後用動作提醒主人注意。目前中心以推廣為主。

導聾犬工作背心為橘色

導聾犬反應門鈴的聲音，當主人用手語問（雙手張開：是什麼？），導聾犬會帶他到聲音的來源「坐下」為反應

導聾犬反應計時器（通常搭配家用電器使用）的聲音，當主人用手語問（雙手張開：是什麼？），導聾犬會帶他到聲音的來源「坐下」為反應

(二) 肢障輔助犬

為協助行動不便、使用輪椅的肢障人士為主，以協助日常工作，並通過減少依賴其他人增加獨立性。可幫主人開門、拾回掉落的物品、開關燈、協助主人平衡及在主人需要緊急救護時，向人警告求救。

肢障輔助犬工作背心為黃色

肢障輔助犬，協助行動不便的身障人士開門或關門

肢障輔助犬，協助行動不便的身障人士拿取指定東西並放在大腿，方便使用者拿取

在這次的採訪中，我們非常感動有一群對於工作犬熱情在付出的老師們，也敬佩我們的寵兒不只是寵兒，牠們兼具重要的任務，為人們提供重要時刻的協助，這也是寵物星球頻道創刊想提醒大家的，人寵共生共學互助的時代來臨，彼此重視生命與認知來到這地球上的任務。

Polly已經有八歲了，牠的厲害之處就是即便在荒山野地中，也能找到野生動物的屍體，牠的嗅覺靈敏度之高，是難得的偵測犬

億年物種 愛牠不見得要海龜

你知道「海龜」在地球上已有一億年歷史嗎？牠可是與當年地球霸主「恐龍」共生存，也曾出現在成為化石的魚龍胃裡。而恐龍6千5百萬年前滅絕了，烏龜卻生存下來，當時強大的族群數量堪稱海洋生態系統中的「中流砥柱」。

但好景不再，目前全球七種海龜中，已有六種面臨絕種威脅。因為氣候變遷帶來的影響，導致海龜如今得游近兩倍遠的距離，才能抵達覓食區，生存機率越來越低。而這現存的7種海龜中，目前在台灣及離島周圍海域可見到其中5種，包含了「玳瑁、綠蠵龜、欖蠵龜、赤蠵龜、革龜」，皆屬於一級保育類動物，其中又以綠蠵龜最常見。

古代最珍貴寶石「玳瑁」居然是一種海龜

而其中象徵古代珍貴寶石的 「玳瑁」，其實源於一種海龜的龜殼，玳瑁得名於其彎曲的尖喙，形狀酷似猛禽。它們用這種喙來捕食海綿和其他生長在珊瑚礁上的無脊椎動物。玳瑁大部分時間生活在廣闊的海洋中，但與其他種類的海龜相比，牠們與珊瑚礁的聯繫更緊密。

擁有牠！

玳瑁大部分時間皆在水裡，在海上交配後，只有產卵期雌海龜才會到岸邊生產，挖一個洞，產下大約140個卵。幾周後，玳瑁幼仔成群出現，一起潛入水中開始牠們的成年之旅，牠們有個很特殊的習性，就是即使生產海灘離牠們覓食的地方很遠，牠們始終會回到原處。海龜們除了交配和孵卵期間以外，大多數時間是不太會跟其它海龜有交集的，所以很多時候，海龜都是孤獨一隻在大海裡翱翔，而牠們也對減緩全球氣候變遷、維持海洋生態平衡帶來重大貢獻。

但不幸的是，玳瑁的數量面臨著許多威脅，被國際科學家認定屬於極度瀕危物種，都市沿海的發展，減少了牠們得以成功築巢的面積，加上經常被其他動物破壞巢穴，導致存活不易。

在許多地方，捕獵海龜仍在發生

尤其，海龜品種之一的「玳瑁」，時常會在以其他物種為目標的捕魚作業中意外被捕，加上牠們是與珊瑚礁聯繫最緊密的海龜物種，面對脆弱的生態系統，以及其他生活在珊瑚礁上的物種威脅，加大了玳瑁海龜所面臨的生存壓力。

所有的威脅導致玳瑁的數量逐年降至危險的低水平。自然地，成千上萬個卵子中只有一兩個能進入成年期，這些人為因素造成了更大的壓力，使得生存更加具有挑戰性。

除了捕撈威脅之外，近年因為全球暖化、氣溫上升的關係，導致海龜性別比例大幅失衡，雌性海龜數量激增，目前已有證據顯示，澳洲綠蠵龜的雌性與雄性比例為116:1，這也讓海龜的生存是越來越困難。為什麼人與海龜的相遇，最後會變成如此的情景呢？

為減緩絕種威脅，台灣積極研究「海龜重生」契機

一千隻海龜中只有一隻有機會長大，小海龜好不容易躲過海灘上掠食者的攻擊，卻躲不過海洋人為塑膠污染，以及工業捕撈、氣候變遷等威脅挑戰。但你知道嗎？面臨絕種危機的海龜，其實是協助減緩氣候危機的重要生物之一！海洋生態中的海草，是生態系統中最能有效儲存碳的生物，速度甚至比熱帶雨林快上35倍。而吃海草的綠蠵龜能夠幫助維持海草的生長健康，讓海草持續為生態系統儲存碳，減緩氣候變遷。

尤其又屬「綠蠵龜」是少數食用海草的大型草食動物之一，當牠們吃海草時，會提高海草葉片的生長和營養成分。若沒有海龜持續吃海草，海草床會過度生長，阻擋水流，遮住海底，成為不健康的生態環境。

除此之外，因為氣候變遷，變暖的海水會讓水母數量大爆發，對生態產生不好的影響。多數海龜愛吃水母，有健康族群數量的海龜，可以控制住水母數量，避免過多水母對廣泛生態系產生的不良影響。

而台灣為了海龜生態維持，自1992年起深入研究，從三級離島澎湖縣望安鄉開始的；當時，島上的生活及工作條件都不好，但上岸產卵的海龜數量卻不少，後來又陸續在台東縣蘭嶼鄉及屏東縣琉球鄉的產卵沙灘，展開生殖生態學研究。

由於母龜每隔2到9年，才會回到出生地去產卵，因此每年產卵母龜的數量變化很大，需進行長期性的生態調查，才能了解產卵族群量的變化，是否與氣候變遷或是人為活動有關；以望安鄉的產卵母龜為例，很可能因為大陸漁民的捕殺，數量從20頭的高峰，一路下跌到兩頭，且新加入的成員不到產卵母龜數量的三分之一。而蘭嶼鄉的產卵母龜，因沒有人為捕殺的壓力，所以數量一直都很穩定，每四到五年就會出現一次高峰期，且產卵的母龜中，有六到七成是新加入的成員。

正視美麗物種，
存活億年的海龜需要受到保護

海龜一直是備受矚目的海洋生物，而牠們也對減緩全球氣候變遷、維持海洋生態平衡帶來重大貢獻。牠們為了生存，長距離的遷徙，只是為了下一代的延續，正因如此，人類必須在海洋建立起保護區網絡，有安全的廊道，讓海龜不受任何工業捕撈及其他人為活動的侵擾。

人與海龜的距離是怎麼轉變的，又或其實現在才是原本的樣貌？而海龜的到來與離開，是基於怎麼樣的選擇？牠與人類之間，又有哪些交互的影響？

其實只要當你遇到牠們時，記得五不原則「不觸碰、不打擾、不餵食、不追逐、不傷害」，就可以一起攜手保護海龜。另外，在平常生活中減少使用塑膠製品，隨手帶走身邊垃圾不亂丟，也是保護海龜及其他海洋生物，一起守護生態環境的做法！

愛牠 只能敬之而不可褻玩焉 小爪水獺

水獺是一類水棲、肉食性的哺乳動物，在動物分類學中屬於亞科級別，稱為水獺亞科(Lutrinae)，現存七個屬及十三個物種。水獺亞科分佈於全球各地，紅樹林的水獺生長在歐亞大陸，美洲獺屬的水獺則生長在美洲大陸，而海獺則常見於北太平洋的海岸。水獺身長70－75公分，尾巴細長；頭扁耳小腳短，趾間有蹼；有二層非常短而密(密度達到1000根/平方毫米)的細軟絨毛，以保持身體的乾燥和溫暖；背部深褐色有光澤，腹部顏色較淡。所有的水獺都具有細長、流線型的身體結構，身體優美靈活，四肢較短，大多數都具有鋒利的爪。

木柵動物園溫帶動物區的小爪水獺

水獺都吃些什麼呢？

大多數水獺都以魚類食，也吃蛙類、淡水蝦和蟹類。

保育狀況如何？

各種水獺的保護現狀不一。在2006年的世界自然保護聯盟瀕危物種紅色名錄中，北美水獺屬無危級別，而歐亞水獺和亞洲小爪水獺則屬近危，但海獺、巨獺等物種則已處於瀕危級別。水獺受到瀕臨絕種野生動植物國際貿易公約的保護，持有、出口及轉口水獺均必須向有關部門申請許可證。歐亞水獺是中國國家一級保護動物，而在台灣，現今歐亞水獺已於台灣本島滅絕，僅可在金門發現其蹤跡。我們在動物園的熱帶雨林、溫帶動物區看到的小爪水獺，又稱東方小爪水獺Asian Small-Clawed Otter屬於易危級的保育類，特別珍貴！

木柵動物園溫帶動物區的小爪水獺

亞洲小爪水獺的特別之處？

從印度南部、馬來半島到中國南部的沿海地區，以及蘇門答臘和婆羅洲地區都有水獺的蹤跡，生活於淡水濕地、湖泊、河川下游的河套、紅樹林等地區。牠捕食水中的無脊椎動物、甲殼類、魚類、兩生爬蟲類，及水域附近的水禽、嚙齒類。

水獺的習性有:

1.群居生活,喜歡社交和用聲音溝通。棲息於內陸淡水區域,也可適應河口,活動路線固定,但範圍大。

2.活動以夜間為主,潛水、游泳能力強,可在水中追捕獵物,但仍需至水面換氣,游泳時耳朵貼著頭部、前腳靠著腹部,圓形的鼻子也可以減少水中的阻力。

3.視覺、嗅覺、聽覺和觸覺都不錯。眼睛的水晶體比較圓、可以適應水的折射率,看得清水中的物體。

4.掌部很敏感、再加上口部周圍的腮鬚有觸覺功能,因此不論在泥水中或黑暗中,就算輕微狀況亦能偵測出異常。可靈活運用前爪捕捉獵物,或是搬開石頭翻找食物。

台北市木柵動物園中最可愛的小明星

在台北市動物園裡我們可以看到小爪水獺喜歡在溪流邊玩耍,同時抓取水中的生物,屬於肉食性動物,魚、蝦、螃蟹、貝類都是牠們的最愛,除此之外保育員也會準備泥鰍、青蛙等作為牠們的食物。一天吃三餐,最好少量多餐為佳,每隻水獺約3公斤左右,一天吃掉200-300克的食物。目前在動物園的水獺家族最大的是6歲、最小的是1歲,有爸爸、媽媽、哥哥、姊姊群居生活,以一個家族為生活習性,在圈養的環境底下牠們的壽命可達10-15歲以上,健康檢查是每三年一次,而野放的情況下牠們的壽命大致7-8歲,因為較缺乏安全性與醫療的照護。小水獺面臨的問題反倒不是天空或地面來的天敵,而是人類的盜獵,別看牠可愛就想抓回家飼養,從以上的需求,你會發現牠們並非像家寵一樣有方便的調配飼料可以供應。因此,小爪水獺除了法規問題與自然生態,尤其牠們的牙齒咬合能力很強,不太適合普通民眾

木柵動物園溫帶動物區的歐亞水獺

與小孩飼養,所以不適合把牠們帶回家。照顧這些寶貝們就是要了解他們的需要,而不是用自己以為的方式,飼養員特別跟大家分享養寵物的時候,一定要特別有愛心與耐心,一旦決定這麼做,就要照顧牠們到終老,就算有一天牠們回天家,你也要大大方方、自自然然地面對一切,學會勇敢與釋懷,這是對自己負責的最佳表現。

小爪水獺

小爪水獺、江獺與毛鼻水獺已納入管理國際野生動物貿易的《瀕臨絕種野生動植物國際貿易公約》(CITES),這代表人們需要許可才能出口這些動物,且唯有當來源政府認為從野外獵取水獺不會危及該物種生存時,才會授權許可。

分類:哺乳綱　食肉目　鼬鼠科

分布:南印度、南中國、東南亞、印尼、菲律賓。

形態:體重2.7-5.4公斤,體長40.6-63.5公分,尾長24.6-30.4公分。

棲地:濕地、河流、海岸。

食性:肉食性,蛙、蟹、貝類、魚、軟體動物等。

生殖:動情週期平均28天,懷孕期約60天,一胎1-6隻。

保育等級:Vulnerable 易危。

歐亞水獺

分類:哺乳綱 食肉目 貂科 水獺屬

分布:原分布於台灣全島沿海至海拔1500公尺以下之溪流附近,台灣本島早已無其蹤跡,目前僅金門地區有小族群紀錄。

形態:軀幹長60-80公分,尾長35-40公分,頭短而寬,與頸部不易分辨;口周圍具長腮鬚,軀體圓長;四肢短,每肢五趾,指間均有蹼膜;體披兩層毛,內層毛密度極高,目的是防水及增加保暖功能。歐亞水獺具有腺體,被認為和資源防禦及繁殖交配的訊息溝通有關。

棲地:屬半水棲肉食動物,水陸域環境必須同時具備,才能生存。白天或夜晚皆可見其活動,但以夜間為主,棲息於溪流、濕地、水塘等環境,善泳好潛游動迅速,領域範圍大。

食性:以魚蝦蛙等水生生物為主食,經常在水質好、少污染、少干擾、食物豐富的水陸交界地帶出沒。

生殖:懷孕期約六、七十日,一胎通常生2-3隻幼獸。

寵物聚會 Party 派對趣～

本文精彩活動的照片
希望對您有所啟發！

我們看到很多狗狗們加入社團，社團的發起人或幹部至少每月舉辦一次聚會，我們看到這些主辦人都是無給職，非常用心地安排每一次的活動，不論是選擇聚會地點、探勘場地、設計活動內容等，絞盡腦汁、盡心竭力地為來自四面八方的飼主們安排每一次難得的聚會，目的就是為了留下值得記憶的、與毛孩相處的美好時光。

寵物聚會形式琳瑯滿目，例如常見的寵物友善餐廳室內生日會，還有戶外踏青、草地野餐、聯誼配對、時尚服裝趴、選美趴、電影趴、音樂趴、大胃王比賽趴以及特別的遊艇趴、土窯雞趴、水餃趴等等，超乎許多飼主想像，不管是什麼形式的聚會，就是要開心好玩有記憶點。人們透過群聚得到社交的滿足，毛孩同樣也需要透過聚會交朋友，同為群居動物的狗狗，社會化與否和飼主教養的難易程度關係匪淺。

必須一提的是，寵物聚會的過程中，公德心和安全考量是很重要的。同樣以狗狗為例，要教導毛孩不隨地便溺，一旦便溺，飼主不能視若無睹而毫無作為，這樣是很沒有禮貌和公德心的；上好牽繩不要任意讓毛孩四處亂跑，甚至挑釁其他毛孩，輕者對嗆吵鬧、重者打架互咬受傷，況且如果場地是開放的，毛孩走失是很有可能的，而場地附近如有道路，毛孩橫衝直撞極可能造成車禍事故，致使毛孩受到嚴重的傷害。常常參加聚會的好處是可以交到很多新朋友，也能因此更加了解彼此的毛孩，因此加強自己的觀察力、敏感度、警覺性。

疫情過後，寵物聚會將陸續恢復，如果你有意嘗試參與，歡迎跟我們聯絡，我們或許可以幫你聯絡相關社團，讓你帶上你的毛孩加入社團和參加聚會。

聖誕節、萬聖節等節日通常會有聖誕趴、萬聖趴，飼主
加這些聚會常會費心為毛孩打理造型

生日趴最常見，常在室內舉辦，為當月壽星慶生，準備
物能吃的造型生日蛋糕，跟人慶生一樣也會交換禮物

物聚會不見得為了節日或生日舉辦，想揪就揪，想辦就
，目的在於聯誼和玩狗，必然會來上大合照以茲紀念

近年，寵物友善餐廳如雨後春筍般開幕營運，為了給毛
孩玩水，附有大型游泳池的為數不少

狗的聚會，主辦人會優先選擇像白石森活休閒農場這樣
大面積草地可以讓毛孩奔跑的場地，野餐、烤肉很常見

台灣露營風氣盛行多年不衰，露營地多數不限制攜帶寵
物，且費用較民宿低廉甚多，帶寵物露營很是常見

室內場地舉辦聚會相對簡單容易，但飼主要有公德心，
為毛孩上牽繩，不要讓毛孩對嗆、挑釁，不要隨地便溺

遊艇趴應該是寵物聚會裡面最難得一見的，費用相對高
昂，舉辦難度高，安全考量也遠高其他聚會

驚奇萬分的特寵友善餐廳 台中菁悅天空川菜館

民以食為天，不管人生如何酸，甜，苦，辣，三餐都要吃，吃好吃壞其實都一樣，沒有好心情，山珍海味也是索然無味。吃很簡單只要張口就好，問題這一口有多少故事可說，首先人為了吃，在食物上做了多少藉口詮釋，人類千百年來取用了自然界多少動物的生命來維持生命延續，於心不忍的人會吃素，但是大部份茹素之人心中又有執念，吃素能健康又能上天堂，其實凡是會變化成長的動植物都是有生命的，所以說人類心靈是很複雜又很會找藉口的生物，在人類世界有所謂強人，如果今日把你單獨丟在自然界，人並不會比在野外的動物強，人把自己奉為萬物之首，操控自然界，把動物分為經濟動物與撫慰心靈的寵物，經濟動物如牛、馬、羊、雞、鴨、豬，隨人類生活需求宰殺數量不一定，然而這些動物生命靈性比較低階嗎?其實不盡然，我們應該學習感恩這些動物付出，喜歡動物的人也會飼養經濟動物當寵物，彼此生活相依、撫慰心靈!

開家寵物友善餐廳有這麼困難嗎？了解這些有什麼用？大家都知道。就是因為大家都知道，而沒悟到生命真正含義，所以生命就隨波逐聊，到老一場空，只領悟到生，老，病，死。舞者上台表演除了掌聲之外，還有一個重點大家沒看到，就是當戲幕落下，塵歸塵，土歸

餐廳創辦人
鄭旻忠先生

土，自己是否還笑得出來，如果你做到了，生命最後你就上天堂了，因為人的意識決定人的靈性！

個人非常喜歡動物單純的心靈，比人類每天帶個假面具好太多了。依稀記得10年前到餐廳去吃飯，看見寵物主人帶寵物想進餐廳用餐，卻被拒於門外，最後在旁邊7-11買食物陪寵物蹲在路邊用餐，由此看出人與動物還是有嚴重階級之分。寵物在家是寶貝也是家人，一旦外出卻變成了過街老鼠，有人吃飯的地方就是沒有寵物的一席之地，於是當下腦海閃過一個念頭，何不開一家美味餐廳，讓客人可以帶寵物進門陪主人用餐，寵物與主人不用因一頓餐相互擔心，建立一個心情愉悅的用餐環境，也藉此拋磚引玉，讓社會大衆看見與學習，於是誕生了菁悅天空寵物友善餐廳。這幾年下來看到了很多人模仿本餐廳風格，所以我知道了，自己做到心中期許的夢想了，這就是生命意義吧！所以說動物也是能啓發人性的靈魂，做有意義的事情。

小時候撿了很多流浪狗回家養，現在沒養狗，倒是自家主廚收容了一隻流浪狗，取名為可樂，真的很乖巧還有粉絲，真的是不可思議。本人現在是飼養一些特寵，希望有更多人看到，了解自然生態，特寵有浣熊、狐狸、土撥鼠、烏鴉、鸚鵡，不像狗狗好教，天生基因就馴服，對人類的忠誠度也高；特寵不一樣，大部份特寵天生具備攻擊性，要馴服牠們沒有什麼大技巧，只要是從小養著牠們，也陪牠們在床上打滾，一起睡覺就行了，取得牠對你的信任，就能教得很乖。許多人教不乖，是因為興趣跟炫耀自己，所以從寵物店買回來，餵完牛奶，就往籠裡一關了事。我自己飼養的寵物一定從小跟我在床上睡覺，就算拉屎拉尿換床單，我都不覺得累，因為我看到寵物眼神裡，每日對我增加的信任度，終有一天會值得！

在我飼養的寵物中，浣熊是最兇猛的寵物，別看牠一副可愛模樣，真正兇起來會讓你魂飛九霄，當下就想要送人，所以養特寵一定要查資料了解習性，再做真正飼養行為。正因有飼養浣熊經驗，上過兩次電視專訪飼養教育，內心又擔心無知者跟風飼養，於是在臉書成立「菁悅浣熊、狐狸飼養教育社團」，來防止因為浣熊變兇而遭野放破壞生態，雖都是綿薄之力，但也產生了社會教育效果，社團也將近有2000人。

飼養特寵至今，或許在因果關係推動下，菁悅天空友善寵物餐廳又升格為「台灣人文動物關懷協會」，為台灣第一個獲得內政部通過，將寵物帶進校園的生命愛心教育協會，個人覺得動物野放不完，來自於從小教育問題，因為這方面愛心教育課程太少了，人們常說的大愛或許就是像我這樣，從小小愛動物行為轉成分享與傳播。

「台灣人文動物關懷協會」要做的不是單單學子教育，也從事心靈課程教育，是人與動物全面在執行，擴大愛的傳播，歡迎看到這篇文章的朋友們，可搜尋我們或是菁悅天空川菜館，來看看可愛動物，更歡迎加入台灣人文動物關懷協會愛心會員，共同推廣相勉，讓自己盡一點綿薄之力，為教育下一代認識動物情感，共創人與動物天堂，人得療癒，寵物得幸福！

鄭先生與浣熊親密互動中

寵物五星飯店 礁溪寒沐苑

礁溪寒沐酒店
JIAO XI HOTEL
Taiwan

寵
沐
苑
MU
PET
HOUSE

寵物星球頻道來到礁溪的五星飯店寒沐，這裡的寵沐苑是以「自然、質樸」設計概念為主，以簡潔取代繁複的妝點，以溫潤質調迎接每一隻來此旅居的寵物。「寵沐苑」建材方面均使用環保綠建材、隔音特別使用藍鯨訂製門組，有效降低狗狗的吼叫聲，提供旅客更舒適的住宿品質。

考量「寵沐苑」寵物入住機動性，可依現場狀況調整符合大、中、小體型的16間狗狗客房，房間本身以系統櫃取代傳統木作，使用低甲醛、表面耐髒、好保養的奧地利品牌EGGER系統板為主體，門板中間打弧形簍空，並且中間崁入玻璃，保持自然光線的通透，減少狗狗在房間內時視覺上的壓迫。每間房間為獨立全熱交換系統，玻璃上方為1/3中空採非完全密閉設計，另外配有美國HONEYWELL抗敏空氣清淨機，不管是室內室外對流及內部空間都能保持氣流循環且過濾，清新的空氣讓寵物能更安心地入住。另外，每房皆有獨立監控系統，透過手機APP，讓主人可以24小時即時視訊並與愛犬互動，也可輕鬆記錄毛寵可愛的身影，更放心地託管家中寶貝，這真是非常貼心的設計。

戶外區鋪設人工草皮地坪並設置木棧道，主人無須擔心一般草地的寄生蟲問題，讓狗狗可盡情在草地上奔跑嬉戲，成為寵物的遊憩放鬆空間。最酷的是，戲水池還特別引入礁溪最著名的溫泉，構建礁溪唯一專屬毛孩的碳酸氫鈉泉池，讓寵物戲水的同時也能享受泡溫泉的樂趣，在旁設有洗澡跟烘乾區，優游玩水後可方便快速進行清理，貼心友善的空間，為旅遊更添樂趣。不妨來體驗一下，讓寵兒也來五星飯店泡湯去吧！

礁溪寒沐「寵沐苑」入住形象照片

礁溪寒沐「寵沐苑」入住形象照片

礁溪寒沐「寵沐苑」戶外設施形象照片

礁溪寒沐「寵沐苑」客房照片

礁溪寒沐「寵沐苑」室內空間照片

礁溪寒沐「寵沐苑」客房照片

礁溪寒沐「寵沐苑」戶外設施照片

傳說亞特蘭提斯帝國國王是海神波賽頓

（圖片來源：pixabay.com）

在正式介紹世界首創的「亞特蘭提斯寵物燈塔」以前，讓我們先來認識一下「亞特蘭提斯」，同時了解一下寵物燈塔的訊息。

亞特蘭提斯是什麼？

「亞特蘭提斯」為英文Atlantis的中譯，最早出現於約2400年前古希臘哲學家柏拉圖的著作《對話錄》裡，是傳說中的帝國和大陸。傳說中的亞特蘭提斯帝國是擁有高度文明發展的古老大陸，據稱在西元前1萬年左右被大地震造成的大洪水所毀滅，沉沒於深海之中。

亞特蘭提斯帝國國王將帝國島嶼分給5對雙胞胎兒子統治，疆域被分割成9萬個地區，每區設有指揮官，擁有120萬強大兵力，憑藉武力，亞特蘭提斯帝國四處擴張，宣揚其以太陽神為信仰中心的強勢文化，所以，亞特蘭提斯帝國又稱太陽帝國。

亞特蘭提斯帝國首都名為波塞多尼亞，是座靠近海邊的圓形大城，被建設成擁有數圈環狀陸地的城市，每圈陸地之間均間隔著運河水道，整座城即為水陸交替的同心圓環；最內圈也是中心的島嶼上建有壯觀、壯麗的王宮和衛城，以及祭祀守護神海神波賽頓的神殿。

亞特蘭提斯帝國具有高度文明，在民主體制下，王權所有的法律條文全都刻於波塞頓神殿的巨大銅柱上。亞特蘭提斯很繁榮、很富裕，而且居住於此的人民也都很溫和、賢明，凡事以德為尊，他們擁有數不盡的寶藏、用不完的財富，卻不會耽溺於擁有巨大財富而自滿。亞特蘭提斯也具備精巧的建築、軍事等科學技術，據說他們擅長運用地熱能源作為帝國的社經發展動力。

然而，盛極必衰，歷經數代之後，亞特蘭提斯的後人漸漸利慾薰心、世風不古、道德淪喪、社會腐敗、國力衰頹而不自知，每每侵略鄰國勝驕敗餒，終於遭到天譴，大地震和洪水相繼發生，變得好戰和驕奢的亞特蘭提斯全都沉沒海底，消失在人間而成為傳說，時間久了再也不可考。

究竟亞特蘭提斯沉沒在哪片海洋之下呢？柏拉圖的記載這樣寫道：「海格力斯之柱（直布羅陀海峽）對面，有一大島，從該處你們可以去其它島嶼，該等島嶼的對面，就是海洋包圍著的一整塊陸地，此是『亞特蘭提斯』王國。當時亞特蘭提斯正要與雅典展開一場大戰，沒想到亞特蘭提斯卻突然遭遇到地震和水災，不到一日一夜就完全沒入海底，成為希臘人海路遠行的阻礙。」從這段記載看來，亞特蘭提斯應該是在今天的地中海或是大西洋之中。

自古到今，亞特蘭提斯的傳說一直很吸睛，哥倫布（Columbus）從西班牙向西橫渡大西洋尋找亞特蘭提斯時，卻意外發現美洲大陸。英國人調查亞速群島、納粹搜索挪威海岸，都是為了找到亞特蘭提斯。亞特蘭提斯這失落的帝國是否真有其地，或者只是古老幻想？總之，即使是科技昌明的現代，依舊沒有人真正發現亞特蘭提斯。

全球有超過一千處被懷疑是亞特蘭提斯，台灣也在內

根據柏拉圖的記載，亞特蘭提斯最可能是遠古時代位於在地中海或大西洋中的國度。然而，由於從來沒有人真正發現亞特蘭提斯，好事者便開始懷疑亞特蘭提斯可能不在地中海或大西洋，而是另有他處，於是，迄今為止全世界已有超過一千處被懷疑是亞特蘭提斯，其中，也包括了台灣。

除亞特蘭提斯之外，太平洋的姆大陸也是差不多西元前一萬多年前消失的地球古大陸以及古文明。

很久很久以前、遠古得要命的太平洋區域，包括日本、琉球、台灣、連同釣魚臺列嶼……等所謂的第一島鏈，在上次冰河期時之前，其實是整片相連、面積堪比南美洲的姆大陸，且曾有過被稱為姆文明的高度文明。由於地震、地殼變動，以及冰河消退、海平面上升等原因，姆大陸沉入太平洋海底。今日澎湖虎井沉城、宜蘭外海和日本琉球與那國島間海底的海底龍宮，就被許多人認定是姆文明的遺跡。

其中有一說，在台灣北海岸新北市萬里區著名的萬里蟹品牌發源地龜吼漁港，及毗鄰的以女王頭奇石著名的野柳近海海底，有外星飛船墜落後由倖存外星人所建設的古城。所謂的姆文明其實就是亞特蘭提斯，位於萬里的這座古城就是亞特蘭提斯帝國的首都，也就是說，前文提及水陸交替的同心圓環大城——波塞多尼亞遠在天邊、近在眼前，竟然就在台灣、就在天龍國（台北）近郊的萬里。下回大家去買萬里蟹、吃萬里蟹和看野柳女王頭的時候，可以眺望一下海邊，憑弔一下那萬年以前遠古時代強大的亞特蘭提斯；也許，我們身上流的血液，也有亞特蘭提斯人的血液呢！

亞特蘭提斯與外星文明

亞特蘭提斯的遠古文明傳說，很容易被人和外星文明聯想在一起。類似地球文明和外星文明連結在一起的故事，在許多影視作品被表現得淋漓盡致、活靈活現，就好像真的是這樣似的，十分引人入勝，願意相信的人多了去。

例如：「印第安納·瓊斯」系列電影中於2008年上映的「印第安納瓊斯：水晶骷髏王國」（Indiana Jones and the Kingdom of the Crystal Skull），其故事設定的水晶骷髏原來是外星飛船墜落於古代馬雅帝國其中一位飛行員的頭顱。類似的劇情在

亞特蘭提斯可能在今天的大西洋之中

圖片來源：pixabay.com）

萬里翡翠灣、龜吼和野柳海岸鳥瞰，由遠而（1）野柳燈杆（2）傳說中亞特蘭提斯外星飛船沉沒位置（3）龜吼漁港（4）翡翠灣（5）福泰翡翠灣渡假飯店（原福華飯店）

1987年上映的香港電影「衛斯理傳奇」裡也有，印第安納瓊斯的水晶骷髏對比衛斯理傳奇裡的龍珠，後者龍珠不是外星人的頭顱，但是有著中國龍形狀的外星飛船的啟動器。遺失了龍珠，龍形太空船無法載著倖存的外星人回去遙遠星際的家鄉；遺失了水晶骷髏，困在馬雅帝國叢林中的太空船也無法回家。

寵物經濟有如滔滔江水，一發不可收拾

這兩年疫情之前，由於全球化以及人口結構大幅改變，造成生育率低落，少子化、高齡化普遍出現在已開發國家，例如：美國、日本、台灣、俄羅斯、中國大陸……等，這些國家或地區都遇到同樣棘手的國安問題。

疫情開始之後，新冠肺炎的高度染疫風險迫使全世界大量人口長時間待在家裡不能外出，那麼，居家期間、工作之餘還能做甚麼?如何排遣無聊、避免孤獨？看電視、上網、追劇、購物、睡覺……這些行為雖然都能打發時間，但是都不能跟「家人」以外的親朋好友面對面接觸、社群互動；然而跟「家人」真的能夠好好地、和平地、親密地互動嗎？對於很多人來說，答案恐怕是否定的，「相看兩討厭」才是真的！

既然不能好好連結和溝通，話不投機三句多，那該怎麼辦？其實，很多人都是靠著寵物、毛小孩陪伴和療癒，才能度過漫長幾無止境的封鎖時光；事實上，很多家人們也都是靠著寵物做為媒介或潤滑劑，才能夠彼此好好連結和溝通，家裡的氛圍才會正面、熱切、快樂和幸福，這不容易，而寵物居首功。

因此，在這樣一個時代和時期裡，催生了所謂的「寵物嬰兒潮」，其勢頭不亞於二戰之後的「戰後嬰兒潮」。

台灣內政部發佈最新的人口統計資料，指出少子化創下史上新高，2022年5月新生兒人數不及萬人，僅有9,442人！總人口數也較2021年同期少了30萬人！資深一點的婦產科醫師感受最是深刻，因為以前從早到晚都在接生新生命，現在一天只能接生一個，出生率比死亡率低，台灣已經到了「生不如死」，人口老化、人口負成長的時代。

依台灣內政部和農委會等單位的數據推算，2021年下半年台灣家戶飼養貓、狗數量首度超越全國15歲以下小孩的人口數，出現黃金交叉；推估2022年台灣家戶飼養貓、狗數量更將來到296萬隻，超越15歲以下孩童人口數逾10萬。台灣15歲以

下小孩數量，每年以4%速度減少；反觀飼養貓、狗數量則以超過6%的年增速度，逐年攀升。不僅台灣如此，全球寵物數量也年年成長。根據美國、歐洲與中國寵物行業調查報告統計指出，目前全球寵物數已超過5億隻，預估2024年將達6.7億隻。

寵物數量快速增長，主要原因有二，除了少子化、單身化趨勢，不婚或不生的人越來越多，並以養寵物取代養小孩；此外，戰後嬰兒潮退休後，兒女大多不在身邊，頓時進入空巢期，進而養寵物尋求心靈陪伴。

以全球最大寵物市場美國的數據為例，家戶養寵物的比率呈現「長期上升」的趨勢。1988年美國家戶約56%養寵物，到了2020年時養寵物比率已來到70%，專家指出2020年形成了一股「寵物嬰兒潮」，就跟「戰後嬰兒潮」一樣，寵物數量的大幅成長，自然就帶動寵物相關需求的增加。2020年時，人們在寵物身上就花了1,036億美元，首度突破千億美元大關。因此，寵物概念股在疫情爆發以來表現更勝科技股，專家更看好這波寵物嬰兒潮可望帶來能夠穩定成長至少數十年以上的寵物經濟，在每年6.1%的成長率帶動之下，至2027年整體寵物產業市場規模可望上看3,500億美元。

野柳燈杆（圖片來源：交通部航港局臉書）

「對許多人來說，毛小孩比真小孩更重要」，這段文字，相信許多人是心有戚戚焉、不能再認同更多了！寵物數量年年成長，而且被當成家人、小孩看待，其食衣住行育樂甚至不輸給人。在台灣，寵物的保健食品甚至比人吃的還要貴；而台灣人有全民健康保險，可是台灣寵物沒有，所以寵物的醫療支出，那是遠遠高於人。

寵物經濟還有個很重要的特色就是，較不受景氣循環影響，沒有明顯淡旺季，屬於長期穩健成長、波動度較低。

多數台灣人每年必定要到廟裡點燈祈福

人跟毛小孩一起點燈

上段提到「對許多人來說，毛小孩比真小孩更重要」，許多人手機裡的照片幾乎都是毛小孩，毛小孩從小到大，累積數以萬計的照片不為過；可是人就不一樣了，人類小孩長大了就不可愛了，也不會再跟著爸媽到處去，他們有自己的朋友了。但是毛小孩一輩子只有養育牠們的爸媽，牠們多數不想也不會有自己的朋友，爸媽去哪、毛小孩就想去哪，爸媽吃的喝的，毛小孩都覺得更好吃更好喝。

過去，毛小孩是很好養的，只要給飼料吃就可以，沒有甚麼花樣和講究，寵物食品特別是乾飼料，是主要的商機和產值。現在，給毛小孩吃的東西琳瑯滿目、不一而足，可講究多多了！寵物食品產業較諸從前，商機和產值都呈倍數遽升。

當人們將寵物視為家庭成員，就會更重視照顧寵物健康，例如從定期注射疫苗、健康檢查，甚至營養補給，都成了寵物飼主的常態性支出。而寵物保險就是再進一步衍生的需求，畢竟寵物看診、開刀費用支出

距今約1900年前，古羅馬帝國在西班牙仿亞歷山大燈塔修建的海格力斯塔，是世界上現存最古老的燈塔（圖片來源：pixbay.com）

都不低於人類，飼主因為對寵物的珍愛和真愛，愈來愈樂意支付寵物保險，以因應未來可能的意外、老病等醫藥費用。寵物的食衣住行育樂加上生老病死，是現在寵物飼主都很重視的「寵物十項」；現在，毛小孩並不是很好養。

在宗教自由和發達的台灣，「點燈」是許多台灣人每年都要做的，遍布全台萬餘間寺廟宮壇，不論大小間，都要點上一盞光明燈、平安燈、財神燈、太歲燈、各種斗燈……等，保佑自己和家人平安健康、工作順利、財源廣進。寵物為家庭的一員，幫牠們點燈也應該不足為奇。

亞特蘭提斯世界寵物王國燈塔

前文說到台灣北海岸的萬里野柳外海就是傳說中的「亞特蘭提斯」，首都「波塞多尼亞」城市，給世人的「水陸交替的同心圓環」形象，以及傳說中在亞特蘭蒂斯首都波塞多尼亞的「太陽宮」中有個「能源塔」，能源塔的能源系統中心是一個巨大的六面體，能吸收陽光並轉化為能源，光能被集中、增強，以不可直視的強光向外面傳輸。

「亞特蘭提斯寵物燈塔」團隊（簡稱「AtlanttiZ Team」）以「亞特蘭提斯」傳說發想，以「波塞多尼亞」都城為藍本，打造了一座世界首創虛實整合的「亞特蘭提斯世界寵物王國，而王國中有寵物燈塔五座基地」。這五座基地代表著寵物與你的前世今生、今世今生、今世來生、來世生生、生命永恆，我們人寵要一起在這五座基地完成修鍊。每座基地從最核心開始有燈塔環、核心圈環、向外擴散第一環、第二環、第三環總共五環。第三環是送寵物去亞特蘭提斯觀光；第二環是認識自己讓毛寶貝去上學；第一環是讓毛寶貝去工作，核心圈環開始有居住權，最核心的燈塔環等於是亞特蘭提斯的公民可以行使投票權。送寵物到亞特蘭提斯去修鍊這一切就是完成牠與你的前世、今生、來生與生生世世的一切任務圓滿。「寵物燈塔」中心為一座高聳的燈塔，燈塔之上有一座神獸雕像，燈塔上的燈價值最高，而且塔身越高的燈越稀缺越高貴；護衛城城牆上的燈價值次之，再來是第一環、第二環；最外圍第三環價值相對最低只要10元美金（台幣300元）就可以讓您的寵物成為亞特蘭提斯帝國的成員，給牠在這充滿能量的基地修練，給予牠滿滿的祝福，而你，卻是免費註冊。

除了寵物燈塔還有透過簡單的線上輪盤遊戲，大家都有機會獲得免費遊覽亞特蘭提斯的機會、還可以蒐集虛擬寵物以及得到各種虛實獎品，歡迎大家關注亞特蘭提斯寵物燈塔 www.atlantiiz.com

世界首創元宇宙寵物與寵物燈塔

和傳統宮廟點燈不同，「亞特蘭提斯寵物燈塔」中點的「燈」除了在五個基地五個核心圈各階層有修鍊外，它還是個可以「擁有」、「升級」和「交易」的「亞特蘭提斯寵物燈塔元宇宙」之「邊玩邊賺」（Play to Earn，P2E）的「大富翁遊戲」。所有的寵物飼主，或是你只是喜歡寵物但沒有養的朋友，都可以來「寵物燈塔」點「燈」註冊。成為亞特蘭提斯世界寵物王國的成員之一。

除了點燈之外，寵物燈塔提供許多「外太空虛擬寵物」讓成員蒐集，蒐集到的寵物可以放在自己的虛實世界裡展示。

我們來看看最炫酷的虛擬寵物有哪些？

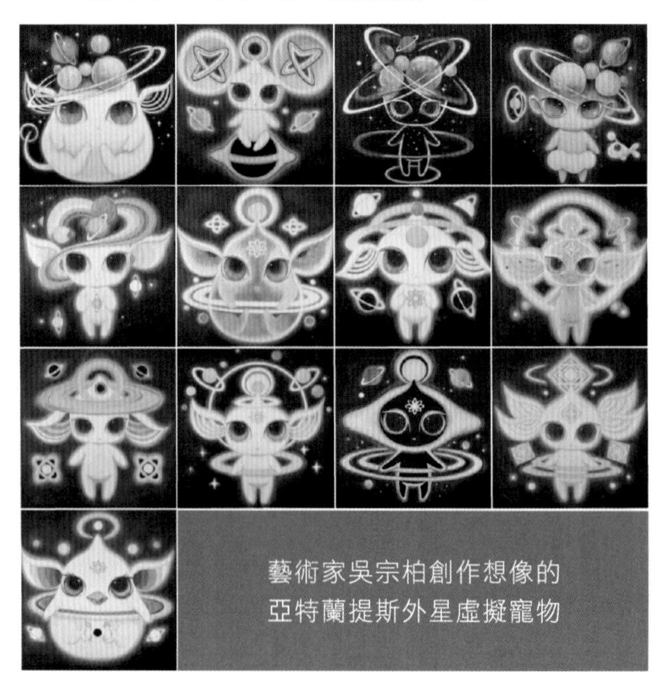

藝術家吳宗柏創作想像的亞特蘭提斯外星虛擬寵物

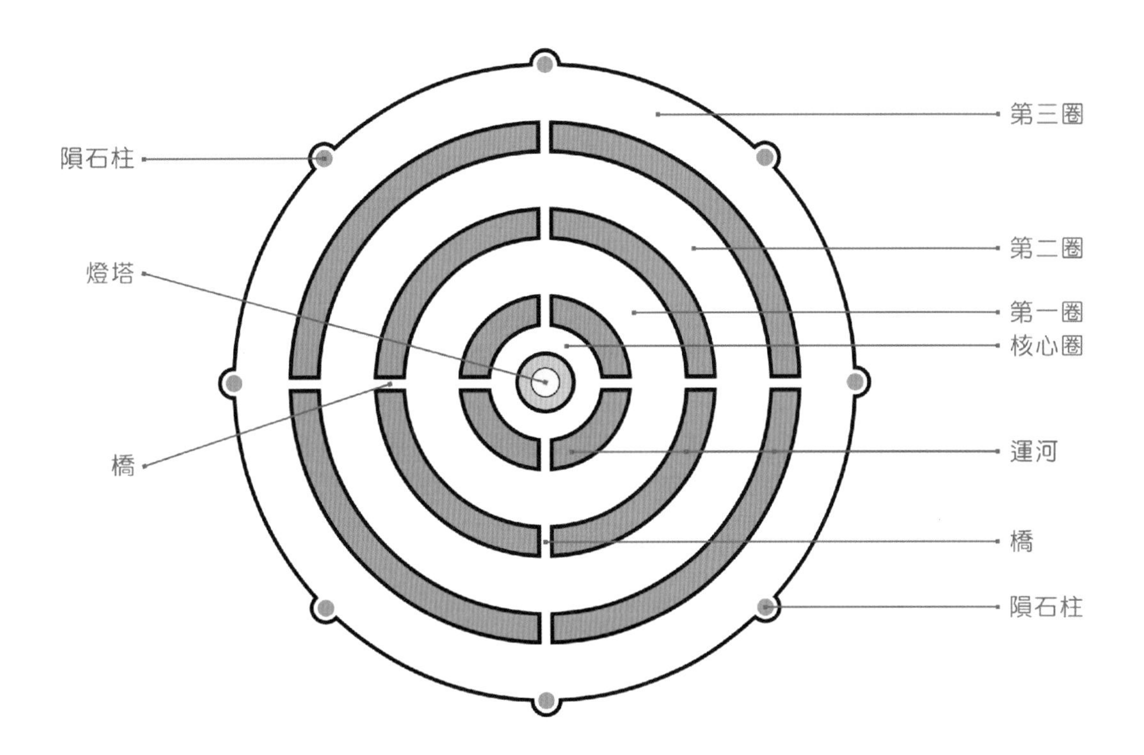

這些外太空虛擬寵物可以彌補你現實空間、時間、金錢的受限，滿足你養寵的樂趣。而「寵物燈塔」不僅僅只是虛擬世界或遊戲而已，也有相對應的實體「亞特蘭提斯寵物燈塔基地」，將與世人見面，「亞特蘭提斯寵物燈塔」團隊（簡稱「AtlanttiZ Team」已聘請玄學、科學、崎學，地理學大師，借天地無極之力打造一處護佑你我與毛寶貝平安健康、工作順利、賺錢發財、牽好姻緣的基地，也會不定期舉辦各種寵物聚會、課程、公益活動等，邀請獸醫師、訓練師、營養師、溝通師等前來為亞特蘭提斯成員排難解惑。「亞特蘭提斯寵物燈塔」點燈想要點亮人寵身心靈的燈，點燈照亮平安喜樂未來路，寵物與遊戲都是實踐幸福生活不可缺失的要素。

對於成為亞特蘭提斯世界寵物王國的成員有興趣者，可以關注FB或直接進入官網 www.atlantiiz.com

只要美金10元或新台幣300元就能成為亞特蘭提斯世界寵物王國公民和寵物燈塔城市市民。

亞特蘭提斯世界寵物王國官網
www.atlantiiz.com

請為自己和寵物點燈，讓身心靈都得到三合一喜樂，進而實現「一定要幸福」的「人寵好生活」。

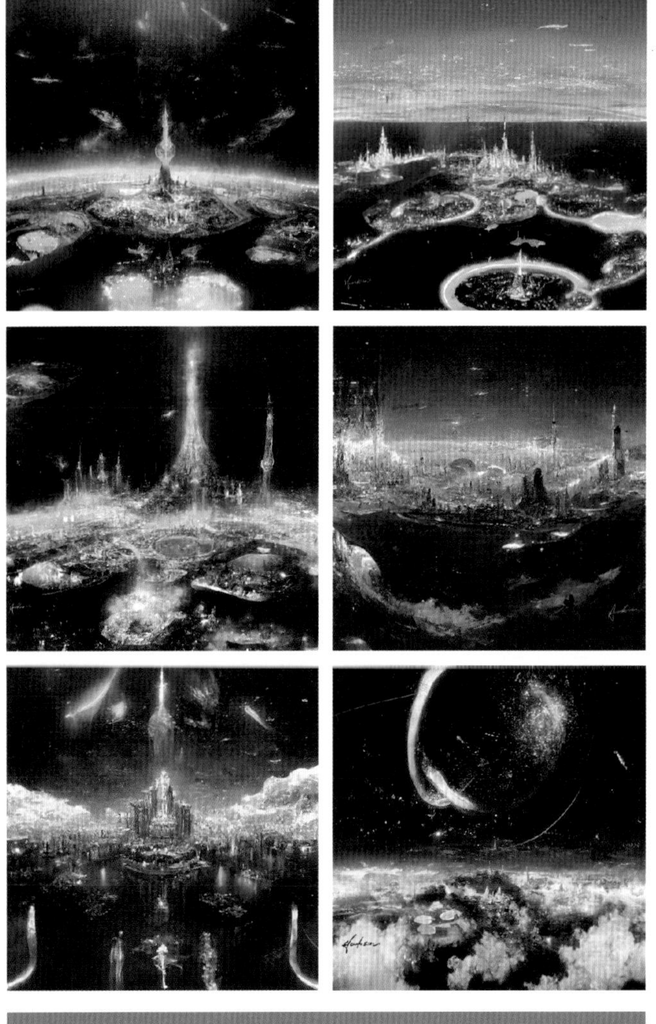

藝術家吳宗翰關於亞特蘭提斯樣貌想像的數位創作

「亞特蘭提斯寵物燈塔」點亮人寵身心靈的燈，照亮平安喜樂未來路，「寵物燈塔」的人寵點燈遊戲是幸福生活獨一無二和有趣的實踐捷徑。

「亞特蘭提斯寵物燈塔」幕後從事虛擬世界和寵物創作的是一對充滿藝術細胞的兄弟，文後彩蛋是吳氏兄弟倆與他們創作的簡單介紹，就讓我們來認識認識他們吧!

幕後人物之一：吳宗翰

Hankson Wu，吳宗翰，台灣人，五歲就獲得全國兒童寫生比賽冠軍，15歲成為插畫家、20歲當選了世界第一大3D藝術網站3D Artist的每月主打星，成為台灣第一位當選藝術家。22歲時受美國知名遊戲公司Blizzard Entertainment及迪士尼聯繫挖角，卻毅然決然選擇常駐中國上海八年，組建了百人的美術團隊。34歲成為iPhone 遊戲製作人、37歲擔任PS4 VR 遊戲項目的美術總監。曾多次獲獎，例如：2017 年揭秘計劃台灣遊戲大賞商業組優勝、2019年揭秘計劃2代台灣遊戲大賞商業組優勝。

吳宗翰

Hankson從小就喜歡類似亞特蘭提斯和外星高等文明的傳說，所以在與「亞特蘭提斯團隊」接觸並了解「寵物燈塔」的內容和團隊使命後，除了給予不少寶貴意見外，更是在短短半個月不到的時間內，靈感源源湧現，Hankson創作了他長年想像的亞特蘭提斯王國，從王國的初始建造到輝煌的各個時期，都在他的鼠標之下，活靈活現地重現，理所當然成了「寵物燈塔」很重要的素材。而這些不僅僅是二進位的1或0的數位畫素，Hankson也希望他的亞特蘭提斯創作能夠帶給人寵除了現實的財富圓滿象徵，更應是身心靈內在三合一的豐盛意義。

拱尚衛

幕後人物之二：拱尚衛

「拱尚衛」本名「吳宗柏」，和吳宗翰是親兄弟，一樣從小便展現美術上的天賦。2012、2013年台灣藝術大學美術系師生美展油畫類第一名；2013年聯邦新人獎首獎得主；2017年聯邦銀行回顧展典藏；2020年郭台銘企業家典藏；2020好日珠寶業主典藏的知名藝術家。拱尚衛認為好的藝術創作不該只是蒐藏品，更應該是能量與藝術的結合。拱尚衛想像和創作了許多結合外星人和可愛寵物形象的「外星虛擬寵物」，提供給「寵物燈塔」使用。

藝術家吳宗翰關於亞特蘭提斯的數位創作「金錢帝國——金錢能量」

最療癒萌寵大集合，落實學校 寵物生命教育

台北市碧湖國小60週年小孩與毛孩逗熱鬧

寵物星球頻道第一次在2021年10月23日受到碧湖國小藍惠美校長的邀請，立即籌辦11月13日的寵物生命教育活動，這場主題訂為萌友生日會，作為碧湖國小60週年校慶的系列活動，短短三週的時間，號召了16個單位帶來難得一見的寵物與動物，像是草泥馬、蜜袋鼯、土撥鼠、兔子、貓咪、綠鬣蜥、浣熊、烏鴉、變色龍、鸚鵡、巴西龜、台灣龜、螞蟻等前來參與生命教育宣導，校方還認養了世界寵物基金會的兩隻法鬥成為校犬，並設計一系列的闖關活動與學習單，讓幼稚園到國小六年級的孩子們在家長協同參與的情況下，近距離地認識動物、了解牠們的習性、愛牠就要照顧牠一輩子，讓人寵共生共學共修的年代來臨時，寵物在家也是一家人的生命共同體觀念，從小植入孩子心中，珍重每個生命。教育局副局長鄧進權親臨現場，感受到此番有創意的生命教育實為難得，見證了一場前所未有的新教育探索模式。這場活動的飼主從四面八方來，有的一大早從台中北上而來，有的是陌生的臉孔卻特別前來支持這次的活動，連天氣預報90%的降雨機率，都在

教育局鄧進權副局長(右)與藍惠美校長抱著毛孩合影

活動的9點到下午3點時分避開了雷雨。

這次別開生面的萌友生日會，讓小朋友不只是在教科書和動物園裡看到動物，更可以近距離地和這些寵物互動，雖然活動中土撥鼠演出脫逃記，但更讓小朋友體驗到這些動物是活生生的動物，而不是毛娃娃或標本。現場飼主分享飼養照顧的經驗和動物的喜好、習性等，在飼主的指導下，小朋友們進行與動物拍照等近距離互動。除此之外，現場辦理闖關活動，完成闖關卡及填妥學習單，經檢核通過者，可獲得「萌友守護大使」認證書一張。

台北市政府教育局副局長鄧進權表示，台北市政府積極推動校園認養計劃，希望透過校犬的認養，讓小孩子培養對生命的體驗、對身體的重視，在生命臨終的過程當中，體驗生命教育的重要。當天聚集快20個攤位，透過對動物的認識，了解認養不棄養，體認動物的保護跟重視的素養，讓碧湖國小的小孩子，在這個生日的體驗當中，能夠了解生命教育的重要。碧湖國小校長藍惠美說，「校慶本來就是一個充滿了歡樂、溫馨的活動，因此我們就發想，這個生日跟生命是非常有連結，所以想到是不是可以請可愛的動物到

藍惠美校長與草泥馬麥可合影

我們的學校，讓小朋友有一個真實的接觸跟互動機會，沒想到老天爺真的非常幫忙碧湖國小，學校的優秀校友寵物星球頻道的創辦人王鼎琪小姐，她剛好有這一方面很好的資源跟連結，所以就特別請她幫我們號召很多可愛動物的飼主到學校，我們希望讓小朋友們在一個充滿動物的快樂天堂，有學習體驗的機會，沒想到我們碧湖國小真的做到了！」

藍惠美校長還強調學校這一次也參與了台北市教育局的校貓校犬認養計畫，認養了兩隻法鬥犬，法鬥犬有憨厚的氣質，小朋友們同樣也有看起來外表憨厚，內心充滿了友善、充滿了智慧。這次的活動也很感謝贊助商中華民國寵物食品與用品商業同業公會由陳以詮秘書長代表前來支持；沛思特0元養寵公司鄒嵩棣董事長，特別帶一些小動物飼料的隨手包

當日近20個攤位，讓小朋友認識動物、體驗生命

送給小朋友；獨家報導集團贊助本次活動的紀實紀錄，其發言人曾建元執行長表示，生命教育的體驗與聯合國的17個項目其中之一雷同，而這也跟獨家報導集團台灣獨家智庫所要推行的項目不謀而合，因此當得知碧湖國小有這個活動時，自然不能置身事外，現在聯合國提倡永續發展，具體的就是怎麼去尊重不同的生物、不同的動物，他覺得這就是對生命教育的實踐，對小學生也許不用講很多的大道理，可是透過他與自然環境、跟動物和世界互動當中，慢慢去體會到從他們對動物擬人化的一種對待，等他們長大以後，他們也會用同樣的態度持之以恆地對待他所身處的這個世界。

現場還有許多愛動物的單位或個人，比如台灣人文動物關懷協會理事長鄭閔忠表示，他們協會長期關懷動物，比方天生瞎眼的浣熊在經過他們的悉心照料下，不僅學會自己吃東西，還會走路，而烏鴉其實有8歲小孩的智商，不但會說自己的名字，還會翻找背包客包包中的食物。「財富女神」王宥忻也特別帶她的寵物草泥馬到碧湖國小讓大小朋友一起體驗

這種可愛的動物，會中草泥馬還忘情地在操場上奔跑。而螞蟻原來也可以是觀賞性動物，雄蟻在交配過後就會死亡，而蟻后最長則可以活20年，螞蟻其實也很愛乾淨，若飼主沒有將殘留的食物和垃圾處理掉的話，牠可是會絕食抗議的！

綠鬣蜥的主人潘姊表示，綠鬣蜥看似外表兇猛，實際上牠可是素食主義者，而且還是個貪吃鬼，若被牠聞到香蕉或食物的味道，牠可是會衝過來大享口福，為了不讓牠吃太多，還得將食物蓋起來或藏起來，免得綠鬣蜥吃太撐。而一群愛兔兔的同好則表示，千萬不要以為兔子愛吃紅蘿蔔，這可是大錯特錯，兔子主要的飼料是草，而且牠是需要喝水的，若喜歡兔兔的人可以去領養流浪兔喔。

與會來賓各抱著一隻兔子合影

寵物星球頻道創辦人王鼎琪從小家庭教育給予的就是愛動物、愛寵物、愛生物的意識，進入企業管理顧問與教育培訓界20年，推廣正向能量與腦身心靈健康的運動，透過這次的活動，影響超過600個家庭，在互動中她看見溫暖、天真、熱情的大小孩子們，連家長們也忘記自己的年齡與各種束縛，隨著主辦單位遊戲的設計，自然中宣導認養代替購買、認養不棄養，奉行跟推行教育局、教育部想要在學校落實的動物生命教育，也鼓勵學校來認養這些動物，這一切，正是寵物星球頻道的使命，希望未來有更多的資源來幫助大家認識寵物、動物的生命教育。

各種可愛的烏龜也來到本次國小校慶活動

近年來寵物非常多樣化，連螞蟻都有人養來當寵物

指引人生大道的明燈！

☑ NEPCCTI同步
☑ 跨時代 ☑ 跨領域
☑ 融匯古今 ☑ 中西互證

「真永是真」人生大道，條條是經典，字字是真理！王晴天大師率魔法講盟知識服務團隊精選 999 個真理，打造**「真永是真」**人生大道叢書，每一個真理均搭配書籍、視頻、課程等，並融入了數千本書的知識點、古今中外成功人士的智慧經驗，全體系應用，360 度全方位學習，讓你化盲點為轉機，為迷航人生提供真確的指引明燈！

1. 馬太效應
2. 莫菲定律
3. 紅皇后效應
4. 鯰魚效應
5. 達克效應
6. 木桶原理
7. 長板理論
8. 彼得原理
9. 帕金森定律
10. 沉沒成本
11. 沉默效應
12. 安慰劑效應
13. 內捲漩渦
14. 乘數效應
15. 造富之鑰NFT
16. 外溢效果
17. 槓鈴原則
18. 元宇宙
19. 零和遊戲
20. 囚徒困境
21. 區塊鏈

……999 則

「持有「真永是真VVIP無限卡」者可往後 20 年參加真永是真高端演講相關活動，享受尊榮級禮遇並入座 VIP 貴賓席。」

掃碼購買
立即擁有！

一次取得永久參與「真永是真」頂級知識饗宴貴賓級禮遇，
為您開啟終身學習之旅，明智開悟，更能活用知識、活出見識！

國家圖書館出版品預行編目資料

寵物星球頻道寵物名人誌 = Pet planet network people/ 王鼎琪著 . -- 初版 -- 新北市 : 活泉書坊 , 采舍國際有限公司發行 , 2022.10　面；　公分 -
ISBN 978-986-271-942-8（平裝）

1.CST: 寵物飼養

437.3　111010650

寵物星球頻道寵物名人誌

出版者 ▥ 活泉書坊
作　者 ▥ 王鼎琪
總編輯 ▥ 歐綾纖　文字編輯 ▥ 范心瑜
品質總監 ▥ 王晴天　美術設計 ▥ 林妤蓁

台灣出版中心 ▥ 新北市中和區中山路 2 段 366 巷 10 號 10 樓
電　話 ▥（02）2248-7896　傳　真 ▥（02）2248-7758
物流中心 ▥ 新北市中和區中山路 2 段 366 巷 10 號 3 樓
電　話 ▥（02）8245-8786　傳　真 ▥（02）8245-8718
ISBN ▥ 978-986-271-942-8
出版日期 ▥ 2022年10月初版

全球華文市場總代理／采舍國際
地　址 ▥ 新北市中和區中山路 2 段 366 巷 10 號 3 樓
業務部電話 ▥（02）2248-7896 分機 309、366　傳　真 ▥（02）8245-8718

新絲路網路書店
地　址 ▥ 新北市中和區中山路 2 段 366 巷 10 號 10 樓
網　址 ▥ www.silkbook.com
電　話 ▥（02）8245-9896　傳　真 ▥（02）8245-8819

本書採減碳印製流程，碳足跡追蹤，並使用優質中性紙（Acid & Alkali Free）通過綠色環保認證，最符環保要求。

線上 pbook&ebook 總代理：全球華文聯合出版平台
地址：新北市中和區中山路 2 段 366 巷 10 號 10 樓
● 新絲路電子書城 www.silkbook.com/ebookstore/
● 華文網雲端書城 www.book4u.com.tw
● 新絲路網路書店 www.silkbook.com